中国通信学会普及与教育工作委员会推荐教材

21世纪高职高专电子信息类规划教材

21 Shiji Gaozhi Gaozhuan Dianzi Xinxilei Guihua Jiaocai

交换设备配置与维护

甘忠平 主编

Electronic Information

人民邮电出版社

北京

图书在版编目（CIP）数据

交换设备配置与维护 / 甘忠平主编. -- 北京：人
民邮电出版社，2014.8（2021.1重印）
中国通信学会普及与教育工作委员会推荐教材　21世
纪高职高专电子信息类规划教材
ISBN 978-7-115-35136-4

Ⅰ. ①交… Ⅱ. ①甘… Ⅲ. ①交换设备－配置－高等
职业教育－教材②交换设备－维修－高等职业教育－教材
Ⅳ. ①TN914

中国版本图书馆CIP数据核字(2014)第149552号

内 容 提 要

本书以交换通信机务员和交换通信工程师的岗位工作任务为主线，以程控交换到软交换的技术发展为辅线，以典型交换设备和维护管理项目为载体，设置了认识程控交换设备、程控交换设备数据配置与维护、认识软交换设备、软交换设备数据配置与维护 4 个学习情境。

学生在完成本书内容的学习后，可以掌握电信网组网、交换设备软硬件组成、通信协议与信令等方面的基本知识，具备交换设备业务开通、日常维护和故障处理等技能，为今后从事交换系统维护和应用工作奠定良好的专业基础，同时可报考通信行业的交换通信机务员（中级）等职业资格证书。

本书注重实际生产岗位对通信专业交换技术人员职业水平的要求，选材适当，实用性强，突出应用和维护实践。本书可作为高职高专院校通信类专业相关课程的教材用书，也可供相关专业教师、学生和工程技术人员学习参考。

- ◆ 主　　编　甘忠平
  责任编辑　滑　玉
  责任印制　彭志环　杨林杰
- ◆ 人民邮电出版社出版发行　　北京市丰台区成寿寺路 11 号
  邮编　100164　　电子邮件　315@ptpress.com.cn
  网址　http://www.ptpress.com.cn
  北京捷迅佳彩印刷有限公司印刷
- ◆ 开本：787×1092　1/16
  印张：12　　　　　　　　　　2014 年 8 月第 1 版
  字数：299 千字　　　　　　　2021 年 1 月北京第 4 次印刷

定价：35.00 元

读者服务热线：**(010)81055256**　印装质量热线：**(010)81055316**
反盗版热线：**(010)81055315**

前　言

　　通信网是现代信息社会的基础设施，交换设备是通信网的重要组成部分，交换技术是通信网的核心技术。随着通信网向数字化、智能化、综合化、宽带化、个人化方向的快速发展，程控交换和软交换技术已成为固网和移动通信网络成熟应用的通信产业技术，可以实现语音及多媒体业务的接入，并提供增值服务。因此，交换系统的运维与管理也显得越来越重要。

　　本书是校企合作开发的教材，它从交换通信机务员和交换通信工程师的职业岗位能力出发，以典型交换设备和维护管理项目为载体，以典型工作任务为驱动，保证了任务驱动式教学实施的可操作性。通过本书的学习，学生可以掌握电信网组网、交换设备软硬件组成、通信协议与信令等方面的基本知识，具备交换设备业务开通、日常维护和故障处理等技能，为今后从事交换系统维护和应用工作奠定良好的专业基础。

　　本书共设置 4 个学习情境、10 个工作任务，具体安排如下。

　　学习情境 1：认识程控交换设备，主要介绍了电信网基础知识、交换方式、程控交换机基本结构和性能指标、S1240 交换设备。

　　学习情境 2：程控交换设备数据配置与维护，主要介绍了程控交换机软件、No.7 信令、S1240 交换机用户数据及 7 号信令中继数据配置、S1240 交换系统的维护与管理。

　　学习情境 3：认识软交换设备，主要介绍了 NGN 和软交换概念、NGN 网络体系结构、NGN 组网协议和业务、SoftX3000 软交换设备。

　　学习情境 4：软交换设备数据配置与维护，主要介绍了 SoftX3000 硬件数据和本局数据配置、语音业务和多媒体业务配置、软交换设备维护与管理。

　　本书由四川邮电职业技术学院通信技术专业教学团队组织编写，学习情境 1 任务 1 由黎保元编写，学习情境 2 任务 4 和学习情境 4 任务 10 由李玲编写，其余任务由甘忠平编写。全书由甘忠平统稿，四川邮电职业技术学院通信工程系主任傅丽霞主审。本书在编写过程中得到了讯方通信技术有限公司等企业工程技术人员的大力支持，在此表示由衷的感谢。

　　由于编者水平有限，书中难免有错误与疏漏之处，恳请广大读者批评指正。

编　者

目　录

任务 1   认识 S1240 交换机

　　认识程控交换设备是进行程控交换系统安装、调试和维护工作之前的必须环节。通过此任务的学习，学生可以了解电信网的基础知识和主要交换方式；熟悉程控交换设备的一般结构和性能指标；掌握 S1240 交换机的硬件结构等，为后期工作奠定基础。

📖任务目的

1. 了解电信网的组成、分类和拓扑结构；
2. 了解我国电话通信网结构和编号计划；
3. 了解现代通信网中采用的主要交换方式；
4. 熟悉程控交换机的基本硬件结构；
5. 掌握 S1240 J 型交换机的硬件组成及功能。

📖任务资讯

1.1   电信网基础知识

　　电信是指利用有线电、无线电、光或其他电磁系统，在不同地点之间传输符号、信号、文字、图像、声音等信息。

　　电信网是由一定数量的电信节点（包括终端设备、交换设备）和传输链路相互有机地连接起来，以实现两个或多个规定电信端点之间信息传输的通信系统。

1.1.1   电信网的组成

　　一个完整的电信网应由终端设备、传输设备（包括线路）和交换设备三大部分组成，如图 1-1 所示。

　　1. 终端设备

　　终端设备即用户端设备，是电信网中信息的源点和终点。其主要功能：一是完成信号的处理及转换；二是产生和识别电信网内的信令消息和协议。

　　常用的终端设备有电话机、移动电话机、计算机、传真机和电视机等。

　　2. 传输设备

　　传输设备是实现长距离大容量信息传送所需要的一系列设备（包括线路），主要完成信

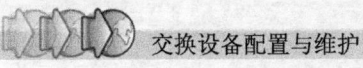

号的复用/解复用以及信号格式之间的转换等功能。通信线路常用传输媒介分为有线和无线两类，有线介质有架空明线、同轴电缆、光缆等；无线介质则是在自由空间传送电磁波，比如移动通信、微波通信、卫星通信等。

常用的传输设备有 PDH 设备、SDH 设备和 DWDM 设备等。

3．交换设备

交换设备是电信网的核心，其功能是在大量终端用户之间，根据用户的呼叫请求建立连接，以实现语音、数据和图像等信息的传送。

常用的交换设备有程控交换机、分组交换机、ATM 交换机和帧中继交换机等。

图 1-1　电信网的基本组成部件

电信网只有上述硬件设备并不能实现信息的传递和交换，还需要有一整套的网路技术即软件，才能使电信网实现电信服务和运营支撑。电信网软件一般包括网络拓扑结构、信令、协议和接口、技术体制及技术标准等。

1.1.2　电信网的种类

按照不同分类依据，电信网分为以下几种类型。

1．公用通信网和专用通信网

按区域和运营方式分为公用通信网和专用通信网。公用通信网是由运营商或其他业务提供商组建、管理和控制，向社会公众开放的通信网，如我国的固网、移动网、广电网等。专用通信网是由机关、企业等自建或利用公用资源在逻辑上建立，仅供本部门内部使用的通信网，如校园网、企业网等。

2．电话通信网和数据通信网

按传送的信息类型分为电话通信网与数据通信网。电话通信网是进行交互型话音通信，开放电话业务的电信网，简称电话网。电话网按网络功能分为公用电话交换网（PSTN）、公用陆地移动网（PLMN）、专用电话网和 IP 电话网。电话网又包括本地电话网、长途电话网和国际电话网。数据通信网是在通信协议支持下完成数据终端之间的数据传输与数据交换的网络。数据通信网又分为分组交换网（X.25）、数字数据网（DDN）、帧中继网（FRN）、异步传递模式网（ATM）以及 IP 网等。

3．业务网、传送网和支撑网

按网络作用分为业务网、传送网和支撑网。业务网是指向用户提供各种通信业务的网

络，包括固定电话网、移动电话网、IP 电话网、数据通信网、智能网、综合业务数字网（ISDN）等。传送网是指在不同地点之间，传递用户信息的网络。传送网包括骨干传送网和接入网，主要有 SDH 传送网、WDM 传送网、微波传送网和卫星传送网。支撑网是指为业务网和传送网提供支撑的网络，以保证通信网络的正常运行和通信业务的正常提供，包括No.7 信令网、数字同步网和电信管理网（TMN）。

4．交换网、传输网和接入网

按网络功能分为交换网、传输网和接入网，如图 1-2 所示。

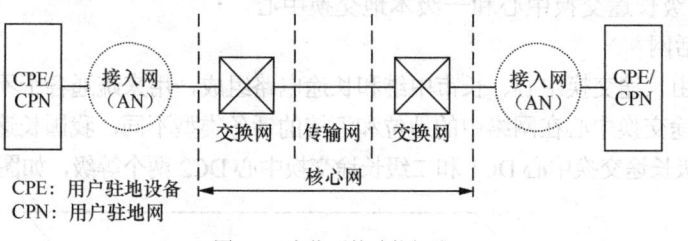

图 1-2　电信网的功能组成

1.1.3　电信网的拓扑结构

尽管电信网的种类如此之多，但就网络的拓扑结构来看常用的有网状网、星形网、复合网、树形网、环形网和总线网等，如图 1-3 所示。

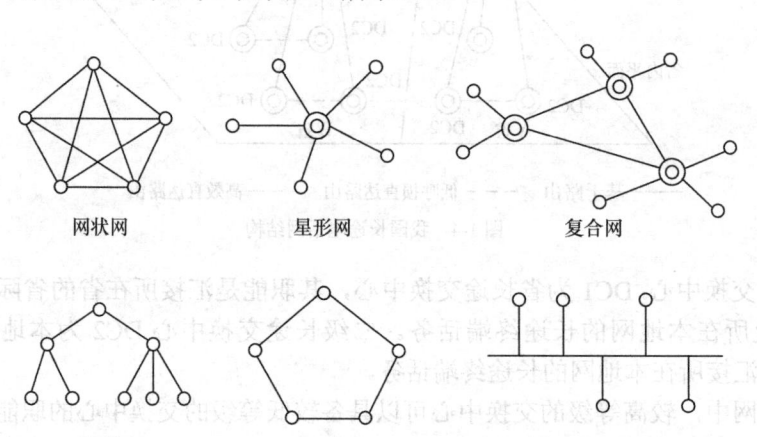

图 1-3　电信网的拓扑结构

在网状网中，每个交换局均有直达路由和所有其他交换局连接。其优点是接续迅速，电路调度灵活，可靠性高，但线路利用率低，投资和维护费用大。网状网仅用于交换局间话务量较大或分局数量较少的城市。

星形网在地区中心设置一个中心通信点，地区内的其他通信点都与中心通信点有直达电路，而其他通信点之间的通信都经中心通信点转接。星形网的经济性和网状网相比有极大的改善，但可靠性较网状网低，一旦中心通信点故障，将使全网的局间通信中断。

复合网又称为辐射汇接网，是以星形网为基础，在通信量较大的地区间构成网状网。复合网吸取了网状网和星形网两者的优点，比较经济合理，且有一定的可靠性，是目前通信网

的基本结构形式。

树形网目前广泛用于 CATV 分配网，而环形网和总线网多用于计算机通信网。除上述拓扑结构外，还有一些特殊的网络拓扑结构，如移动电话网通常采用蜂窝网结构。

1.1.4　我国电话通信网结构和编号计划

我国电话通信网采用分级网结构，包括长途电话网和本地电话网两部分。随着本地电话网的建设，我国长途电话网已由四级逐步演变为两级结构，整个电话通信网也由五级网向三级网过渡，即两级长途交换中心和一级本地交换中心。

1．长途电话网

长途电话网由长途交换中心、长市中继和长途电路组成，用来疏通各个不同本地网之间的长途话务。根据长途交换中心在网络中的地位和汇接的话务类型不同，我国长途电话网将国内长途交换中心分为一级长途交换中心 DC1 和二级长途交换中心 DC2 两个等级，如图 1-4 所示。

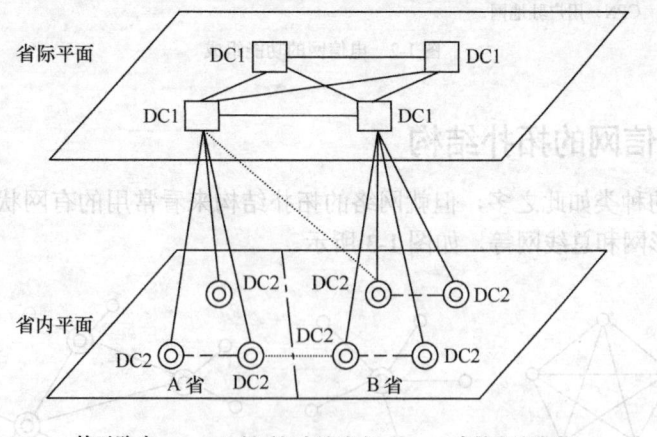

图 1-4　我国长途电话网结构

一级长途交换中心 DC1 为省长途交换中心，其职能是汇接所在省的省际长途来话、去话业务，以及所在本地网的长途终端话务。二级长途交换中心 DC2 为本地网长途交换中心，其职能是汇接所在本地网的长途终端话务。

长途电话网中，较高等级的交换中心可以具备较低等级的交换中心的职能，比如两级长途电话网中 DC1 可以包含 DC2 的功能。

两级长途电话网简化了网络结构，也使长途路由的选择得以简化，但仍然应遵循尽量减少路由转接次数和少占用长途电路的原则，即优先选择直达路由，然后选择迂回路由，最后选择基干路由构成的最终路由。

2．本地电话网

本地电话网是指在同一个长途编号区内，由若干端局和汇接局及局间中继、长市中继、用户线、电话机等要素所组成的电话通信网。本地网的网络等级结构通常采用二级网结构，由汇接局和端局两级交换中心组成。

端局（Local Switch，LS）就是通过用户线路直接连接用户的交换局，负责疏通本局用户的来话和去话业务。

汇接局（Tandem，TM）用以汇接本汇接区内的本地或长途业务。汇接局与管辖的端局相连，负责疏通局间话务；与其他汇接局相连，负责疏通不同汇接区端局之间的话务；与长途局相连，负责疏通本汇接区的长途话务；与关口局相连，负责疏通不同运营商之间的话务。

3．编号计划

电信网中，交换设备根据选择信号（即电话号码）进行呼叫接续，以使终端设备之间建立连接。为使交换设备正确、有效地选择路由和被叫用户，必须有一个合理的编号计划。这种编号计划的基本要求是全球编号统一，号位尽量少，编号有规律且易于升位扩容。我国的编号计划概括如下。

（1）本地电话号码

同一本地网范围内的用户之间相互呼叫时拨打同一本地电话号码，号码结构为：

PQR+ABCD，其中 PQR 为局号，ABCD 为局内用户号。

不同地区的本地电话号码长度可以不等，视各地电话网容量和发展情况而定。

（2）国内长途电话号码

国内长途呼叫是指发生在不同本地网电话用户之间的呼叫，号码结构为：

0+X_1X_2…+PQRABCD，其中 0 为长途字冠，X_1X_2…为长途区号，PQRABCD 为本地电话号码。

长途区号采用不等位编号制度，可采用 2 位、3 位和 4 位 3 种位长的长途区号。

（3）国际长途电话号码

国际长途呼叫是指发生在不同国家电话用户之间的呼叫，号码结构为：

00+I_1I_2…+X_1X_2…+PQRABCD，其中 00 为国际长途字冠，I_1I_2…为国家号码，X_1X_2…为国内长途区号，PQRABCD 为本地电话号码。

国家号码采用不等位编号制度，由 1～3 位组成，我国的国家号码为 86。

（4）首位号码分配

我国规定，首位号码按如下原则分配：

0 为国内长途全自动呼叫字冠；

00 为国际长途全自动呼叫字冠；

1 为特种业务、新业务和网间互通的首位号码；

2～9 为本地电话首位号码，其中 200、300、400、500、600、700、800 为新业务号码。

1.2 交换方式

现代通信网中采用的交换方式主要有电路交换和分组交换。

1.2.1 电路交换

电路交换是最早出现的交换方式，电话交换一般采用电路交换方式。电路交换是指呼叫双方在开始通话之前建立一条专用电路，并在整个通话期间由呼叫双方独占这条电路，直到通话结束的一种交换方式。

电路交换属于电路资源预分配系统，其优点是实时性好，传输时延小，特别适合语音类实时通信业务；其缺点是电路利用率低，电路建立时间长，对传输中出现的错误不能纠正，不适合突发性强且对差错敏感的数据业务。

1.2.2　分组交换

分组交换是数据通信的一种交换方式，它利用存储转发原理进行交换。在分组交换中，报文被划分为一定长度的数据分组，并给数据分组加上地址和适当的控制信息，分组交换设备以分组为单位进行信息的传输和交换。

分组交换采用统计时分复用，电路的利用率较高。但统计时分复用的缺点是有产生附加随机时延和丢失数据的可能。这是由于用户传送数据的时间是随机的，如果多个用户同时发送分组数据，则必然有一部分分组需要在缓冲区中等待一段时间才能占用电路传送，若等待的分组超过了缓冲区的容量，就可能发生部分分组的丢失。另外，在分组交换中普遍采用逐段反馈重发措施，以保证数据传送是无差错的。所谓逐段反馈重发，是指数据分组经过的每个节点都对数据分组进行检错，并在发现错误后要求对方重新发送。

分组交换有虚电路和数据报两种方式。

1．虚电路方式

虚电路方式在数据传输前通过发送呼叫请求分组建立端到端的虚电路，在数据传输阶段同一呼叫的数据分组沿同一虚电路传送，数据传输完毕后通过发送清除分组拆除虚电路，如图 1-5 所示。虚电路方式的连接为逻辑连接，并不独占线路，可分为交换虚电路（SVC）和永久虚电路（PVC）两种。

图 1-5　虚电路方式

2．数据报方式

数据报方式是独立地传输每个数据分组，也就是说，网络协议将每一个分组当作单独的一个报文，对它进行路由选择，如图 1-6 所示。如果某条路径发生阻塞，它可以变更路由。数据报方式在数据传输时不需要呼叫建立和释放阶段。

数据报方式省略了呼叫的建立和清除过程，如果只传送少量的分组，那么采用数据报方式的传输效率会比较高。

对于数据报方式，由于每个分组各自在网络中独立传输，所以分组不一定按照发送时的顺序到达网络终点，因此在网络终点必须对分组重新排序。而对于虚电路方式，分组按已建立的路径顺序通过网络，在网络终点不需要对分组重新排序，所以虚电路更有 QoS 保证。

在数据报方式下，由于每个数据分组都要独立地寻找路径，所以单个数据分组传输的时延较大。而虚电路一旦建立，单个数据分组的传输时延则会小得多。

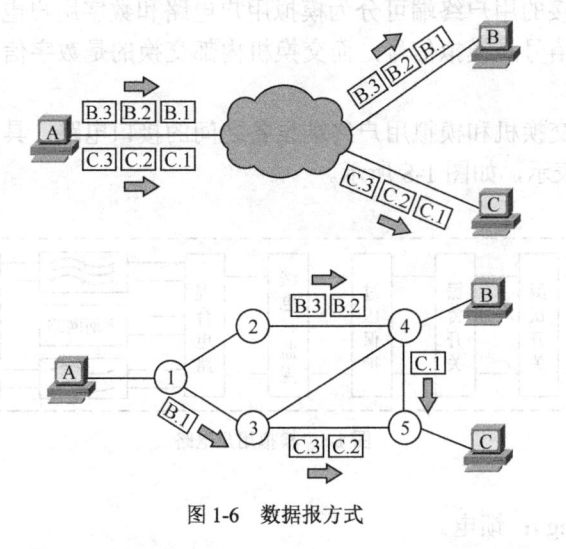

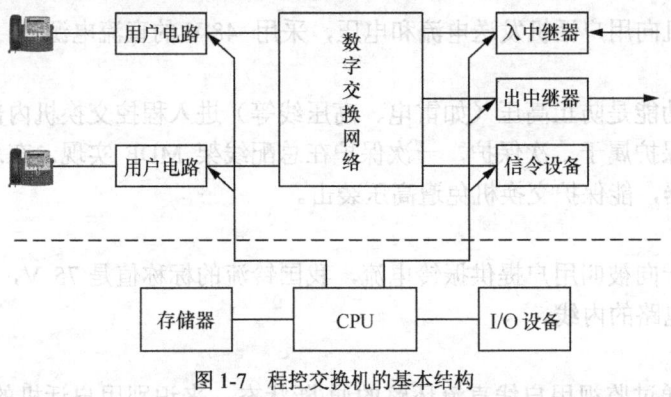

图 1-6　数据报方式

在数据通信网络中，ATM 交换采用虚电路方式，而 IP 交换采用数据报方式。

作为电信网的核心技术，目前分组交换主要应用于数据通信网，下一代网络（NGN）也是基于分组交换的。

1.3　程控交换机的基本结构

程控交换机的硬件分为话路部分和控制部分，如图 1-7 所示。

图 1-7　程控交换机的基本结构

话路部分由用户电路、中继器、信令设备以及数字交换网络组成。用户电路是用户线和交换机的接口，中继器是中继线和交换机的接口，信令设备用来接收和发送信令消息，数字交换网络用来完成用户电路、中继器和信令设备的连接。

控制部分由处理器、存储器以及输入/输出设备组成。处理器是控制话路部分正常工作的核心设备，它分析收集输入的信息，并进行处理；同时编辑驱动命令，控制话路设备或输入/输出设备动作。存储器分为内存及外存两部分，磁盘、磁带和光盘等外存中存放交换机的全部程序和数据，而常用程序同时存放于内存和外存中。输入/输出设备主要包括维护用的打印机、显示器等。

1.3.1 用户电路

用户电路按照连接的用户终端可分为模拟用户电路和数字用户电路。PSTN 网中普遍使用模拟话机，其收发信号是模拟信号，而交换机内部交换的是数字信号，需要由模拟用户电路实现转换。

模拟用户电路是交换机和模拟用户终端设备之间的接口电路，具有 7 项基本功能，常用 BORSCHT 七个字母表示，如图 1-8 所示。

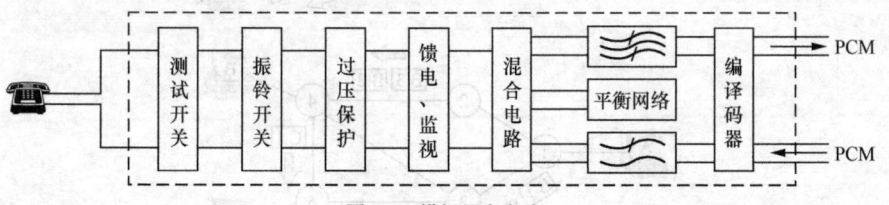

图 1-8　模拟用户电路

B（Battery Feeding）：馈电。

O（Overvoltage Protection）：过压保护。

R（Ringing Control）：振铃控制。

S（Supervision）：监视。

C（CODEC & Filter）：编译码和滤波。

H（Hybrid Circuit）：混合电路。

T（Test）：测试。

1．馈电

馈电是交换机向用户话机发送电流和电压，采用−48 V 的直流电源。

2．过压保护

过压保护的功能是防止高压（如雷电、高压线等）进入程控交换机内部，损坏交换机。用户电路的过压保护属于二次保护，一次保护在总配线架 MDF 实现。在总配线架上每条用户线都安装保安器，能保护交换机免遭高压袭击。

3．振铃控制

振铃控制用于向被叫用户提供振铃电流，我国铃流的标称值是 75 V，25 Hz。铃流高压不允许流向用户电路的内线。

4．监视

监视功能是通过监视用户线直流环路的通/断状态，来识别用户话机的摘/挂机状态，也可以检测脉冲话机的拨号脉冲等。

5．编译码和滤波

编译码和滤波的目的是完成模拟信号和数字信号之间的转换。编译码和滤波功能密不可分，一般编码之前要进行带通滤波，译码之后要进行低通滤波。

6．混合电路

用户线上的语音信号采用二线双向传输，而交换机内部采用四线单向传输，混合电路的功能就是进行二/四线转换。

7．测试

测试功能实际是为测试设备提供测试入口。通过对用户线进行外线和内线测试，可以及时发现用户终端、用户线路、用户接口电路可能发生的混线、断线、接地、与电力线碰接等各种故障，以便及时修复和排除。

除上述基本功能外，在某些模拟用户电路中，还要具备极性倒换、衰减控制、计费脉冲发送和投币话机硬币集中控制等功能。

1.3.2　中继器

中继器是程控交换机与中继线的接口，可以连接交换局或远端模块。根据连接的中继线类型，中继器可分成模拟中继器和数字中继器两类。

数字中继器是程控交换机和数字中继线的接口电路，数字中继线一般采用 PCM30/32 路作为传输手段，基群接口通常采用同轴电缆传输信号，高次群接口通常采用光缆传输信号。数字中继器的主要功能如图 1-9 所示。

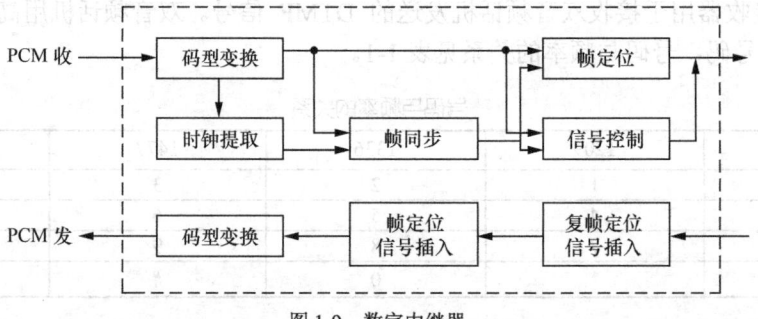

图 1-9　数字中继器

1．码型变换和反变换

码型变换和反变换就是将数字中继线上传输的 HDB_3 码或 AMI 码转换为交换机内部使用的 NRZ 码，或进行相反的变换。

2．时钟提取

时钟提取是从输入的 PCM 码流中提取时钟信号，实现和对端交换机同步，还可用来作为本局系统时钟的外部参考时钟源。

3．帧同步和复帧同步

帧同步和复帧同步可保证收端的帧和复帧时序与发端时序对应，以实现语音信息和线路信令的正确接收和提取。

数字中继器的发送端在偶帧 TS_0 插入帧同步码"0011011"，接收端检出帧同步码，以便识别一帧的开始。若数字中继线采用随路信令，还需完成复帧同步，以便提取各话路的线路信令。

4．帧定位

输入 PCM 码流的时钟信息（即它局时钟）和交换机的系统时钟（即本局时钟）在频率和相位上不完全一致，为了实现收发交换局之间的正常传输和交换，需要采用帧定位来消除收发双方的时钟差异，以使对端局传送的信息准确地按照本局时钟传送。

5．信令的提取和插入

局间采用随路信令时，数字中继器发送端还需要将各话路的线路信令插入复帧对应的 TS$_{16}$；接收端应将线路信令从 TS$_{16}$ 中提取出来送给控制系统。

1.3.3　信令设备

为了完成呼叫接续任务，交换机需要向用户发送各种信号音，并接收用户拨打的电话号码；同时，交换机还需要向其他交换机发送和接收各种局间信令。因此，交换机应配备各种信令设备，常用信令设备有以下类型。

1．信号音发生器

信号音发生器用于产生各种类型的信号音，如忙音、拨号音、回铃音等。在我国，大多数信号音采用 450 Hz 的单音频信号。信号音发生器一般采用数字音存储方法，将拨号音等音频信号进行抽样编码后写入只读存储器中，在计数器控制下读出信号音编码，经数字交换网络发送给需要的话路。

2．DTMF 接收器

DTMF 接收器用于接收双音频话机发送的 DTMF 信号。双音频话机用高、低两个频率代表一位拨号号码，号码与频率的关系见表 1-1。

表 1-1　　　　　　　　　　　　　　号码与频率的关系

频率（Hz）	1209	1336	1477	1633
697	1	2	3	A
770	4	5	6	B
852	7	8	9	C
941	*	0	#	D

3．多频信号发生器和多频信号接收器

多频信号发生器和多频信号接收器用于发送和接收局间的 MFC 信号。局间采用随路信令时，其记发器信令采用 MFC 方式。前向信令频率为 1 380 Hz、1 500 Hz、1 620 Hz、1 740 Hz、1 860 Hz 和 1 980 Hz，后向信令频率为 1 140 Hz、1 020 Hz、9 00 Hz 和 780 Hz。前、后向信令分别采用"6 中取 2"和"4 中取 2"的编码方式组成各种信令。

4．No.7 信令终端

局间采用公共信道信令时，No.7 信令终端用于发送和接收局间的 No.7 信令消息，它主要完成 No.7 信令的第二级功能。

1.3.4　数字交换网络

数字交换网络是程控交换机话路部分的核心，用户线和中继线通过接口电路复用到不同 PCM 复用线，并连接至数字交换网络。为实现任意用户之间的语音通信，即要在用户之间建立一条数字语音通路，数字交换网络必须完成不同复用线不同时隙之间的交换。

由于 PCM 信号采用四线传输，即收、发是分开的，因此数字交换网络也要收、发分开，进行单向路由的接续。要完成双向通话，必须同时建立两个通路即四线交换。实际通信中，用户通过数字交换网络发送与接收语音的过程如图 1-10 所示。

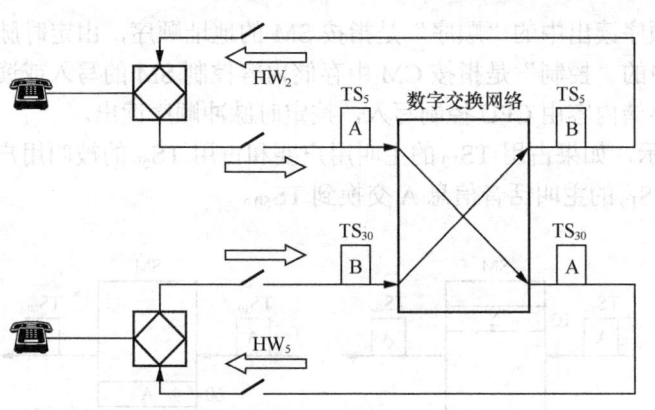

图 1-10　用户通过数字交换网络发送与接收语音

具体来说，数字交换网络应具有如下功能。

在同一条 PCM 复用线上进行不同时隙之间的交换；

在不同 PCM 复用线之间进行同一时隙的交换；

在不同 PCM 复用线的不同时隙之间进行交换。

由此可见，数字交换网络中既有时隙之间的交换，也有复用线之间的交换，可以通过时间接线器和空间接线器来实现。将两种接线器按照一定方式组合，就可以构成不同容量的数字交换网络。

1．时间接线器

时间接线器也称为 T 接线器，由话音存储器（Speech Memory，SM）和控制存储器（Control Memory，CM）组成，其功能是完成时隙交换。

话音存储器用于寄存经过 PCM 编码处理的话音信息，由随机存储器 RAM 构成。每个存储单元可以存储一个时隙的内容，即 8 位话音编码信息。话音信息周期性地写入话音存储器内，并从话音存储器内周期性地读出。SM 的存储单元数等于 PCM 线的复用度（即 PCM 复用线上的时隙数），字长为 8 位。

控制存储器又称为地址存储器，用于寄存话音时隙地址，即话音信息在 SM 中的存储单元地址，也由 RAM 构成。CM 的存储单元数与 SM 相同，字长取决于 SM 的存储单元数，即 PCM 复用线上的时隙数。

举例来说，如果某 T 接线器的输入端 PCM 线复用度为 512，则 SM 的存储单元数应是512 个，每单元的字长是 8 bit；CM 的存储单元数应是 512 个，每单元的字长是 9 bit。

时间接线器有两种工作方式：输出控制方式和输入控制方式。

（1）输出控制方式

输出控制方式即"顺序写入，控制读出"，如图 1-11（a）所示。话音存储器 SM 的写入由定时脉冲控制顺序写入，即 PCM 入线上各时隙信号按时钟顺序依次写入 SM 对应存储单元，SM 存储单元号与输入时隙号相对应。SM 的读出受控制存储器 CM 控制，由 CM 提供读出地址，即当时钟到达输出时隙时，读取 CM 存储内容即 SM 地址，根据该地址读出 SM 内的话音信息，CM 存储单元号与输出时隙号相对应。

（2）输入控制方式

输入控制方式即"控制写入，顺序读出"，如图 1-11（b）所示。话音存储器 SM 的写入受控制存储器控制，读出则由定时脉冲控制顺序读出。

顺序写入和顺序读出中的"顺序"是指按 SM 的地址顺序，由定时脉冲来控制；而控制写入和控制读出中的"控制"是指按 CM 中存储内容控制 SM 的写入或读出。对于控制存储器 CM 来说，其存储内容由 CPU 控制写入，按定时脉冲顺序读出。

如图 1-11 所示，如果占用 TS_{10} 的主叫用户要和占用 TS_{60} 的被叫用户通话，在主叫用户讲话时，应该将 TS_{10} 的主叫话音信息 A 交换到 TS_{60}。

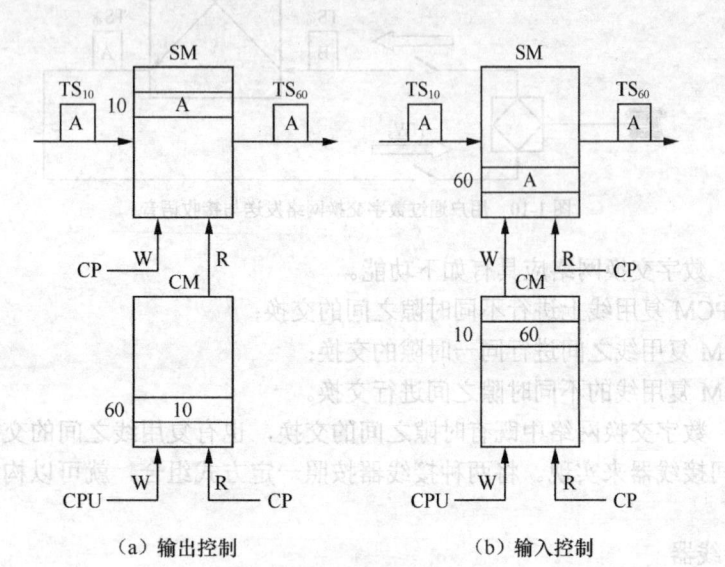

（a）输出控制　　　　　　　　　　（b）输入控制

图 1-11　T 接线器的工作方式

如果采用输出控制方式，首先 CPU 根据交换需求，在 CM 的 60 号单元中写入 SM 的读出地址 10；在定时脉冲 CP 控制下，当 TS_{10} 时刻到来时，将 TS_{10} 中的话音编码信息 A 顺序写入 SM 的 10 号单元；在 TS_{60} 时刻到来时，从 CM 顺序读取 60 号单元的内容"10"，以"10"为地址控制读取 SM 的 10 号单元的内容，即话音信息 A。

如果采用输入控制方式，首先 CPU 根据交换需求，在 CM 的 10 号单元中写入 SM 的写入地址 60；在定时脉冲 CP 控制下，当 TS_{10} 时刻到来时，从 CM 顺序读取 10 号单元的内容"60"，以"60"为地址将话音编码信息 A 控制写入 SM 的 60 号单元；在 TS_{60} 时刻到来时，从 SM 中顺序读取 60 号单元的内容，即话音信息 A。

从 T 接线器的时隙交换过程可知，话音信息要在 SM 中存储一段时间，这段时间小于 1 帧（125 μs），也就是说数字交换存在时延。同时，话音信息在 T 接线器中每帧交换一次，若通话时长为 1 min，则 T 接线器交换次数可达 48 万次。

对于 T 接线器，无论是输出控制，还是输入控制，都需要将 PCM 复用线各输入时隙的话音信息写入 SM 中的某个存储单元，不同存储单元占用的空间位置不同，这意味着 T 接线器按空间位置的划分来实现时隙交换。从这个意义上讲，T 接线器是按空分方式工作的。

2．空间接线器

空间接线器也称为 S 接线器，其功能是完成空间交换。当接入数字交换网络的 PCM 复用线为 2 条或 2 条以上时，需采用 S 接线器完成 PCM 复用线之间的交换。

S 接线器由 $m×n$ 的交叉点矩阵和控制存储器组成，交叉点矩阵有 m 条输入复用线和 n 条输出复用线，其交叉接点的闭合由 CM 进行控制。

按照控制存储器的配置方式，S 接线器有输入控制和输出控制两种工作方式。

（1）输入控制方式

输入控制方式如图 1-12（a）所示。它按交叉点矩阵的输入 PCM 复用线配置 CM，即每一条输入 PCM 线配置一个 CM，由该 CM 确定指定的输入 PCM 线上各时隙话音信息，要交换到哪条输出 PCM 复用线的对应时隙中。

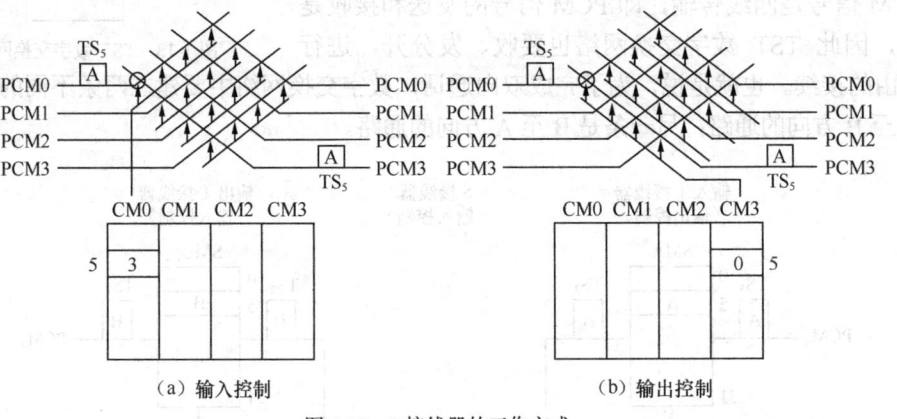

图 1-12　S 接线器的工作方式

（2）输出控制方式

输出控制方式如图 1-12（b）所示。它按交叉点矩阵的输出 PCM 复用线配置 CM，即每一条输出 PCM 线配置一个 CM，由该 CM 确定哪条输入 PCM 线上哪个时隙的话音信息，要交换到指定的输出 PCM 复用线对应时隙中。

在图 1-12 中，输入 PCM0 的 TS_5 中的话音信号要交换到输出 PCM3 的 TS_5。如果采用输入控制方式，CPU 根据路由选择结果，在 CM0 的 5 号单元内写入输出复用线序号 3；在每帧 TS_5 时刻到来时，在定时脉冲 CP 控制下，顺序读出 CM0 相应单元的内容"3"，控制 0 号输入线与 3 号输出线之间的交叉接点闭合，话音信号从输入 PCM0 交换至输出 PCM3 上。

如果采用输出控制方式，CPU 将在 CM3 的 5 号单元内写入输入复用线序号 0；在 TS_5 时刻到来时，顺序读出 CM3 相应单元的内容"0"，控制 0 号输入线与 3 号输出线之间的交叉接点闭合，话音信号从输入 PCM0 交换至输出 PCM3 上。

从 S 接线器的交换过程可见，S 接线器在完成空间交换时，其话音信号的时隙位置保持不变，即它不能完成时隙交换，因此 S 接线器在数字交换网络中不能单独使用。

在图 1-12 中，如果输入 PCM0 的 TS_1、TS_3、TS_5 等多个时隙中的话音信号要交换到输出 PCM3 的对应时隙中，则 0 号输入线与 3 号输出线之间的交叉接点要闭合、打开多次。从这个意义上讲，S 接线器是按时分方式工作的。

3．TST 数字交换网络

数字交换网络把它所连接的时分数字话路成对地连接起来，建立所需要的接续。对于大型网络而言，通常采用多级接线器构成的数字交换网络，而 TST 数字交换网络是一种广泛应用的多级接线器结构。

TST 数字交换网络为三级交换结构，两侧为 T 接线器，中间为 S 接线器，如图 1-13 所示。图 1-13 中，输入和输出时分复用线各有 N 条，即两侧各需 N 个 T 接线器，左侧为输

入，右侧为输出，中间由 S 接线器的 $N \times N$ 交叉点矩阵将它们连接起来。

TST 数字交换网络中，输入与输出侧的 T 接线器可采用任一种工作方式，但两侧工作方式必须不同，而中间的 S 接线器工作方式也是两者均可，其工作原理如图 1-14 所示。

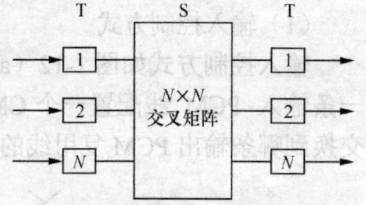

图 1-13　TST 数字交换网络结构

PCM 信号是四线传输，即 PCM 信号的发送和接收是分开的，因此 TST 数字交换网络也要收、发分开，进行单向路由的接续。也就是说，为了完成双向通话，数字交换网络中要建立两条不同的通路：一条是 A 至 B 方向的通路；另一条是 B 至 A 方向的通路。

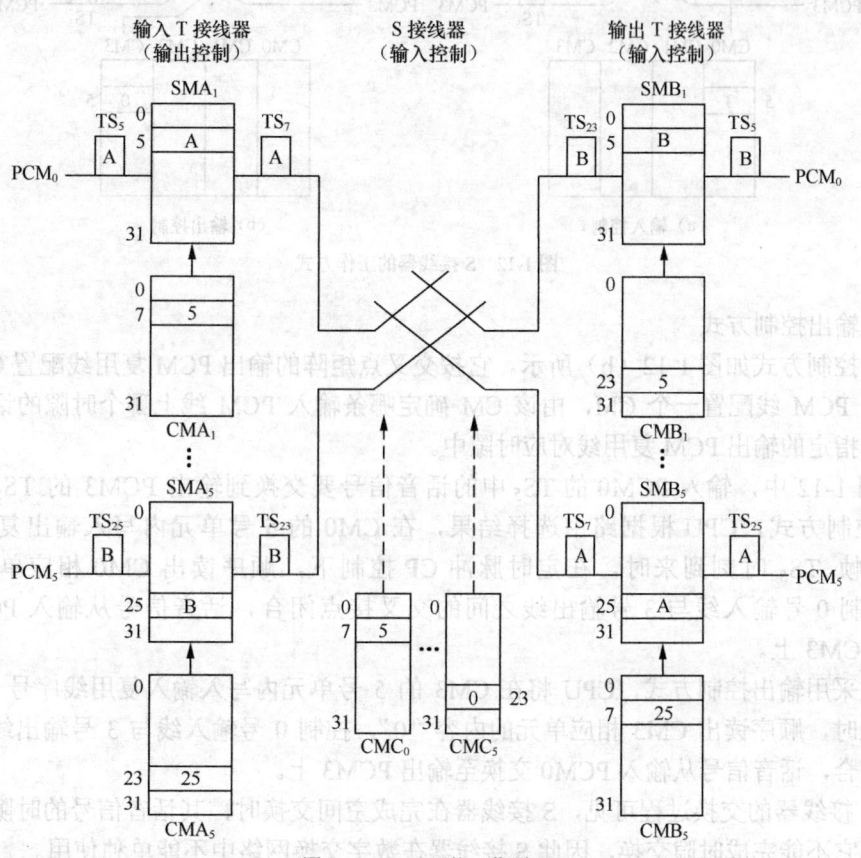

图 1-14　TST 网络工作原理

B 至 A 方向的通路一般采用反相法，即两个方向的通路内部时隙相差半帧（1 帧为数字交换网络的内部时隙总数），来、去两个方向同时示闲，同时占用。如当 A 至 B 方向选用的内部时隙为 x，则 B 至 A 方向选用的内部时隙由下式决定：

$$x \pm n/2$$

式中，n 为数字交换网络的内部时隙总数，即接到 S 接线器交叉点矩阵的时分复用线的复用度。图 1-14 中，A 至 B 方向选用内部时隙 $x=7$，则 B 至 A 方向需选用内部时隙 23。反相法避免了 CPU 的二次路由选择，从而减轻了 CPU 的负担，同时还为输入与输出侧 T 接线器的控制存储器合并创造了条件。

1.3.5　控制系统

程控交换就是存储程序控制交换，通过处理机执行和处理存储的程序和数据，控制交换机完成交换功能。对控制系统的要求主要体现在呼叫处理能力、可靠性、灵活性、适用性及经济性等方面。

1. 控制系统的结构方式

控制系统的结构方式分为集中控制和分散控制两种。

集中控制方式下，交换机控制系统通常由多台处理机组成，每台处理机均能使用全部资源，执行所有功能。集中控制方式的优点是处理机对整个交换系统状态有全面了解，改变功能主要是改变软件，比较简单；但处理机软件规模大，设计繁杂，管理困难，系统较脆弱，易造成全局性中断。

分散控制方式下，交换机控制系统的每台处理机只能使用部分资源，执行部分功能，功能分配可采用静态分配或动态分配。静态分配中，交换机的资源和功能分配一次性完成，各处理机根据不同的分工配备专门的硬件，稳定性高，但灵活性差；而动态分配中，根据系统的不同状态，对交换机的资源和功能进行最佳分配，其优点在于当一台处理机发生故障时，可由其他处理机完成全部功能，但分配相当复杂。处理机之间可采用功能分担、容量分担、功能分担与容量分担相结合等不同的分工方式。

现代数字程控交换机普遍采用多处理机结构的分散控制方式，其控制系统的具体结构方式有分级控制方式、全分散控制方式和容量分担的分布控制方式。分级控制结构的典型代表是 F150 系统，全分散控制结构的典型代表是 S1240 系统，而美国的 5ESS 交换机和我国的几种大型局用交换机如 C&C08、ZXJ10 等都采用了容量分担的分布控制结构。

2. 处理机的冗余配置方式

控制系统是程控交换机的核心，可靠性要求很高。为了提高控制系统的可靠性，处理机通常采用同步双工、互助结构、主/备用和 $N+m$ 备用等冗余配置方式。

（1）同步双工方式

同步双工也称微同步，这种方式的基本结构是配备两台相同的处理机，它们中间有一台比较器，如图 1-15 所示。

在正常工作时，两台处理机同时接收外部的信息，执行相同的程序，但是只有一台处理机向外围设备发送控制命令。同时，两台处理机的执行结果送到比较器进行比较，如果比较结果相同，说明处理机工作正常，程序继续执行；如果比较结果不同，就说明至少有一台处理机发生了故障，此时应启动相应的故障检测程序。如果检测出主处理机发生故障，应使其退出服务，由另一台处理机接替工作；如果是备用机故障，则备用机退出双机同步状态，进行更进一步的故障诊断和恢复；如果两台处理机完好，说明是干扰引起的偶然故障，可恢复正常工作。

（2）互助方式

互助方式如图 1-16 所示。该方式下，两台或更多的处理机在正常工作情况下以话务分担（负荷分担）的方式工作，每台处理机都只负责处理一部分的话务量，一旦一台处理机发生故障，则由其他处理机来接管其工作。

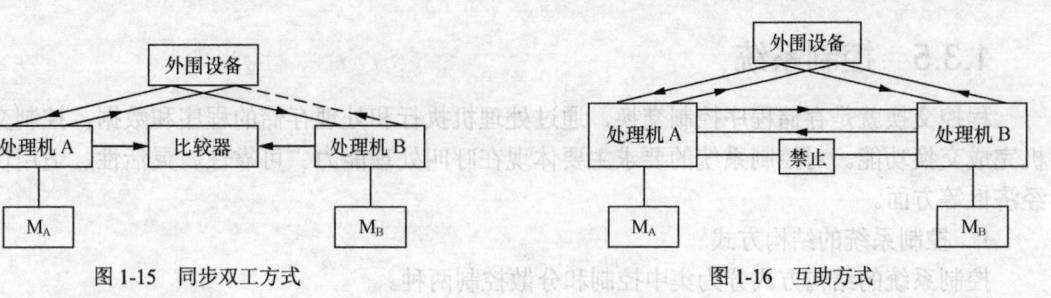

图 1-15　同步双工方式　　　　　　　　　　图 1-16　互助方式

（3）主/备用方式

主/备用方式如图 1-17 所示。该方式下，只有主用机在运行程序进行控制，备用机与话路设备完全分离而处于备用状态；一旦主用机发生故障，则进行主备用倒换，由备用机接替工作。备用有热备用和冷备用两种方式，通常采用热备用方式。

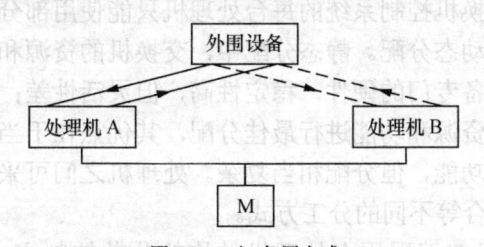

图 1-17　主/备用方式

（4）N+m 备用方式

N+m 备用方式下，N 台处理机配备有 m 台备用机，当 N 台处理机中有一台处理机发生故障时，可以由 m 台备用机中的任意一台来接替其工作。

3．处理机之间的通信方式

程控交换机控制系统采用多处理机结构，为完成呼叫处理、维护管理等任务，需要在多台处理机之间传输和交换各种控制及辅助信息，实现处理机之间的通信，以便协同工作。处理机之间的通信方式很大程度上会影响系统的呼叫处理能力和可靠性，因此必须选择一种合理、高效及可靠的处理机通信方式。

（1）通过 PCM 信道进行通信

程控交换机中传输和交换信息一般通过数字交换网络完成，因此可采用数字交换网络中的 PCM 信道传送处理机之间的通信信息。这种方式下，交换系统可利用 TS_{16} 时隙进行通信，如 F150 交换系统利用 TS_{16} 来传送用户处理机 LPR 和呼叫处理机 CPR 间的通信信息；也可通过数字交换网络的任一话音信道直接传送，如 S1240 交换系统的内部 PCM 链路中，除信道 0 和信道 16 有专门用途外，其余 30 个信道都可以传送语音/数据以及处理机之间的通信信息。

（2）采用计算机网络的通信结构方式

程控交换机中的多处理机既可以看作是一个通信网络系统，也可以看作是一个计算机网络系统。因此多处理机之间的通信也可以采用计算机网络常用的通信结构方式，如多总线结构、环形结构、以太网结构等。

1.4　程控交换机的性能指标

在交换系统设计中，公用设备（如收号设备、中继线等）的数量通常是根据所承担的话

务量来计算的。交换系统如何经济合理地提供使用户满意的服务，就是话务理论要解决的问题。另外，影响交换系统服务质量的因素除了公用设备的数量外，控制系统的呼叫处理能力也起到至关重要的作用。

1.4.1　话务量

话务量也称为话务负载或电话负载，是反映交换系统话务负荷大小的量值。电话用户线或其他入线是产生话务量的来源，被称为话源。话务量的值反映了话源对所使用的通信设备数量上的要求。话务量可定义为在时间 T 内发生的呼叫次数和平均占用时长的乘积，用公式表达为：

$$A = C_T \cdot t$$

式中，A 为 T 时间内的话务量；

　　　C_T 为 T 时间内一群话源所产生的呼叫次数；

　　　t 为平均占用时长。

从话务量定义可以看出，有 3 个因素影响话务量的大小：所取时间 T、呼叫强度和每次呼叫的占用时长。其中呼叫强度为单位时间（如 1h）里发生的呼叫次数。

话务量的单位为 Erl（爱尔兰），例如 1 条中继线连续使用 1h，则该中继线的话务量为 1 Erl。传统的话务量单位还有"小时呼"、"分呼"、"百秒呼"，以上 4 种话务量单位的换算关系为：

1Erl=1 小时呼=60 分呼=36 百秒呼

【例 1】从 10 点开始对某中继线观察 1h，它在 10 点 40 分开始被占用，至 11 点释放，试求 10 点 40 分至 11 点的话务量 A_1，以及 10 点至 11 点的话务量 A_2 各为多少？

　　解： $A_1 = C_T \cdot t = 1 \times 20 / 20 = 1$ Erl

　　　　$A_2 = C_T \cdot t = 1 \times 20 / 60 = 0.33$ Erl

由于话务量具有随机性和波动性，因此，我们所讨论的话务量实际上是指平均话务量。人们将一天中电话负载最大的 1h 称为"忙时"。忙时的平均话务量称为忙时话务量，它是交换系统设计的重要依据。忙时话务量与全天话务量之比一般在 8%～15%。

话务量可分为流入话务量、完成话务量和损失话务量。流入话务量是指话源产生的话务量，完成话务量是指设备接受呼叫处理的话务量。当设备被完全占用时，如果话源产生新的呼叫，则设备不予受理，即有一小部分话务量被损失掉。因此，完成话务量一般小于流入话务量，其差值就是损失话务量。三者间存在以下关系：

$$A_入 = A_完 + A_损$$

完成话务量有下列 3 种解释。

（1）以爱尔兰为单位的完成话务量，在数值上等于在平均占用时长内所发生的平均占用次数，即：

$$A_完 = C_t$$

式中，C_t 为 t 时间内所发生的平均占用次数。

（2）完成话务量在数值上等于单位时间里各机键占用时间的总和。

（3）以爱尔兰为单位的完成话务量，在数值上等于承担这一话务负荷的设备的平均同时占用数，即同时处于工作状态的设备数目的平均值。

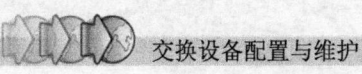

【例2】 有 100 条中继线，其完成话务量为 80 Erl，问这 100 条中继线在平均占用时长内所发生的平均占用次数是多少？这 100 条中继线占用时间的总和是多少？这 100 条中继线平均同时占用数是多少？

解： 根据完成话务量的解释，在 1h 内，这 100 条中继线在平均占用时长内所发生的平均占用次数为 80 次，占用总时间为 80h，同时占用的平均数为 80 条。

1.4.2 控制系统的呼叫处理能力

控制系统的呼叫处理能力是指在单位时间内控制设备能够处理的呼叫次数，通常用最大忙时试呼次数（Busy Hour Call Attempts，BHCA）来衡量。呼叫处理能力与话务量一样是评价交换系统设计水平和服务能力的重要指标。

1. BHCA 的计算

呼叫处理能力的计算由许多因素决定，如呼叫类型、被叫状态、设备容量、处理机结构以及软件设计水平等，通常采用一个线性模型进行粗略地估算。

处理机在单位时间内用于处理话务负荷的时间可表示为：

$$Q = a + bN$$

式中，a 为固定开销，是与呼叫处理次数即话务量无关的时间开销，例如各种扫描的开销；

b 为处理一次呼叫的平均时间，它与不同的呼叫类型（如本局呼叫、出局呼叫、入局呼叫、转接呼叫）和呼叫的不同结果（被叫忙、中途挂机、完成呼叫等）有关；

N 为单位时间内所处理的呼叫总数，即呼叫处理能力 BHCA；

Q 为系统开销，它是在充分长的统计时间内，处理机运行处理软件的时间占统计时长之比，即时间资源的占用率。

【例3】 有一台交换机，其处理器忙时占用率为 85%，执行一条指令的平均时间为 2 μs，处理一次呼叫所需执行的指令条数最少需要 10 000 条，最多需要 26 000 条，固定开销 a 为处理器总机时的 21%，求该交换机的呼叫处理能力 。

解：

$$b = \frac{10\ 000 + 26\ 000}{2} \times 2 \times 10^{-6} = 36\ \text{ms}$$

$$Q = 0.85$$

$$a = 21\% = 0.21$$

$$N = \frac{Q-a}{b} = \frac{0.85 - 0.21}{36 \times 10^{-3}} \times 3\ 600 = 64\ 000\text{BHCA}$$

即该交换机忙时能够处理 64 000 次呼叫。

2. 呼叫处理能力的提高

程控交换机的呼叫处理能力受多方面因素的影响，因此要提高呼叫处理能力也必须从这些因素出发来考虑。下面提出若干要考虑的因素。

（1）提高系统结构的合理性

当前程控交换机的控制系统采用多处理机结构，应使各处理机分工合理、负荷均匀，同时处理机之间选用效率高的通信方式。

（2）提高处理机本身的处理能力

这要求处理机在设计上要合理安排各类开销（如固定开销和非固定开销等），充分利用时间资源；同时提高处理机的主时钟频率。

（3）设计高效率的操作系统

作为实时系统，程控交换机不适合采用通用操作系统，而需要一个实时操作系统。

（4）提高软件设计水平

合理安排软件功能模块，尽可能减少不必要的任务调度和通信开销；同时提高数据结构的合理性，选择执行效率高的编程语言，以降低系统开销，提高系统的性能。

📖 任务实施

一、任务描述

前面我们介绍了交换的基本原理，在实际的电话通信网中，常用的交换设备种类较多，如富士通 F150 交换设备、华为 C&C08 交换设备、中兴 ZXJ10 交换设备、阿尔卡特 S1240 交换设备等。不同公司生产的交换设备虽然具体组成不尽相同，但其基本原理是相同的。

本任务通过阿尔卡特 S1240 J 型交换设备的学习，将认识交换设备的硬件组成、模块功能及模块的单板构成。

二、实践操作

（一）认识 S1240 J 型设备

S1240 J 型交换机包括 EC72 和 EC74 版。S1240 EC72 版交换机可提供电话交换和 ISDN 业务交换功能，S1240 EC74 版交换机除提供电话交换和 ISDN 业务交换功能外，还提供智能业务交换功能。

S1240 J 型交换机采用分布式系统结构，由 DSN（数字交换网络）、各种 TM（终端模块）和若干 ACE（辅助控制单元）组成，其系统结构如图 1-18 所示。

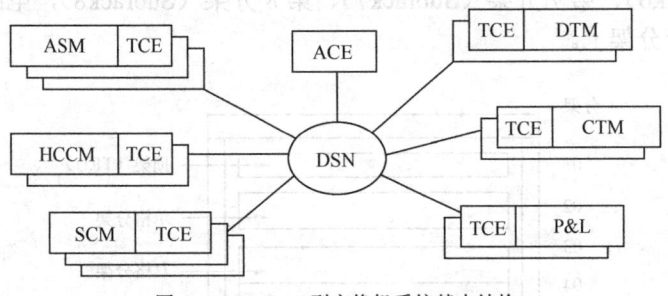

图 1-18　S1240 J 型交换机系统基本结构

S1240 J 型交换机 DSN 由一系列 DSE（数字交换单元）按一定的连接方式组成，整个 DSN 分为选面级 AS（Access Switch）和选组级 GS（Group Switch）两大部分。根据话务量和容量大小，可对 DSN 进行平滑扩容，最多采用 4 级 4 平面的单侧折叠网络结构。

S1240 J 型交换机 TM 的类型和数量取决于交换机的容量和提供的业务。每个 TM 包括

TC（终端电路）和 TCE（终端控制单元）两部分。TCE 实现控制功能，所有 TM 的 TCE 硬件完全相同，只是装载的软件不同。TC 是实现某一具体功能的电路，如用户电路、中继电路和信令终端电路等，不同 TM 配置不同的 TC。S1240 EC74 版交换机中常用的 TM 如表 1-2 所示。

表 1-2   S1240 J 型交换机常用 TM 一览表

模 块 名 称	主 要 功 能
P&L（外设与装载模块）	负责交换机和外设间的通信以及 CE 的装载
DFM（维护模块）	负责实现交换机的防卫功能
CTM（时钟与信号音模块）	产生 8 MHz 的系统时钟、信号音和实时时间
ASM（模拟用户模块）	提供模拟用户线和交换机的接口
ISM（ISDN 用户模块）	提供 BA 接口
DTM（数字中继模块）	提供数字中继线和交换机的接口
IPTM（综合信息包中继模块）	完成 7 号信令处理和中继接口功能
HCCM（高性能公共信道信令模块）	处理 7 号信令第二、三层的功能
SCM（服务电路模块）	DTMF 信号检测、MFC 信令的发送和检测
DIAM（数字综合录音通知模块）	提供录音通知
MPTMON（多处理测试监控器）	完成交换机的功能测试及状态监视

    S1240 J 型交换机的 ACE 是没有 TC 的终端模块，主要为交换系统提供支持辅助功能，这些辅助功能包括呼叫服务、资源管理和计费分析等。

（二）S1240 J 型交换机的硬件组成

1. 机架

    S1240 J 型交换机的机架结构如图 1-19 所示，每个机架从上到下被分为：顶架（TRU）、第 2 分架（Subrack2）、第 3 分架（Subrack3）、第 4 分架（Subrack4）、空气隔板（Air-baffle）、第 6 分架（Subrack6）、第 7 分架（Subrack7）、第 8 分架（Subrack8），电路板插在除顶架、空气隔板外的 6 个分架上。

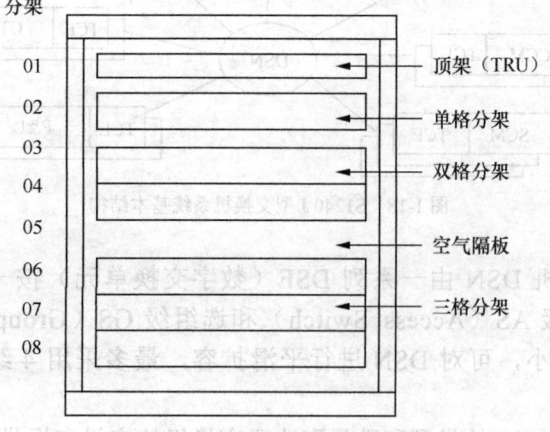

图 1-19   S1240 J 型交换机机架结构

（1）顶架

第 1 分架称为顶架（TRU，Top Rack Unit），顶架有两组空气开关和两组电容，可对 A、B 两路电源分别进行滤波和再分配，同时对设备提供保护功能。

（2）分架

第 2、3、4、6、7、8 分架（SAU，Subrack Assembly Unit）用于放置模块的印制电路板（PBA）。每个分架有 63 个插槽（Slot），从左往右依次编号为 1～63，电路板总是固定插在奇数插槽中，一个分架最多可插 32 块电路板。分架后面装有后板 PBA，通过后板上的插针、印制线、跳线和信号电缆实现电路板之间的通信。第 5 分架用于安装空气隔板。

S1240 J 型交换设备机架类型的助记符如图 1-20 所示。

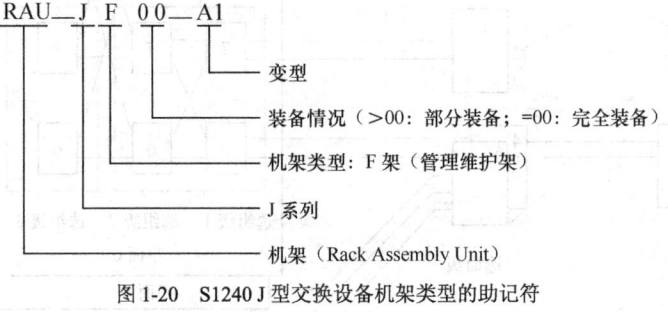

图 1-20　S1240 J 型交换设备机架类型的助记符

S1240 J 型交换机常用机架类型如下。

RAU_JF01_A1：　管理维护架，主要提供话务测量、交换机管理、网络管理等。

RAU_JA00_A1：　用户机架，主要装备 ASM（或 ISM）等模块。

RAU_JA01_A1：　用户混合机架，主要装备 ASM 及 DTM 等模块。

RAU_JB00_A1：　网络混合机架，主要装备网络的第一、二级及 ASM、DTM 等模块。

RAU_JH00_A1：　中继机架，主要装备 IPTM、DTM 等模块。

RAU_JH01_A1：　中继机架，主要装备 DTM 模块。

RAU_JJ00_A1：　网络机架，主要装备网络的第一、二级。

RAU_JJ01_A1：　网络机架，主要装备网络的第三级。

RAU_JZ00_A1：　电源机架，主要提供各个机架的电源分配。

2. 数字交换网络

数字交换网络是 S1240 交换机实现全分布控制的关键，各种不同功能的 TM 和 ACE 都经 DSN 完成信息的交换，实现所有终端电路之间的联系和控制单元之间的内部通信。

S1240 J 型交换机的 DSN 包括选面级 AS 和选组级 GS，其网络结构如图 1-21 所示。AS 提供模块到网络的入口，使模块能够访问选组级。GS 最大可以达到 4 个平面，每个平面最多可有 3 个交换级，分别是第 1 级（Stage1）、第 2 级（Stage2）、第 3 级（Stage3）。其中第 1 级、第 2 级最多可各自包含 16 组（Group），每组最多可包含 8 个 DSE；第 3 级最多可包含 8 组（Group），每组最多可包含 8 个 DSE。

S1240 J 型交换机的数字交换网络采用四级单侧折叠结构，这种结构可以方便地扩展网络。对于交换机的小容量扩展，只需要增加 AS 级；而大容量扩容，DSN 需要装备到选组

级的第三级（Stage3）。这种扩展可以通过增加 DSE 的数目实现，不会对交换机的业务产生任何影响。

S1240 J 型交换机 DSN 的另一个特点在于可以满足每个终端模块话务增长的需要，这可以通过增加选组级的平面数来实现，实际上就是增加一个额外并行的网络。

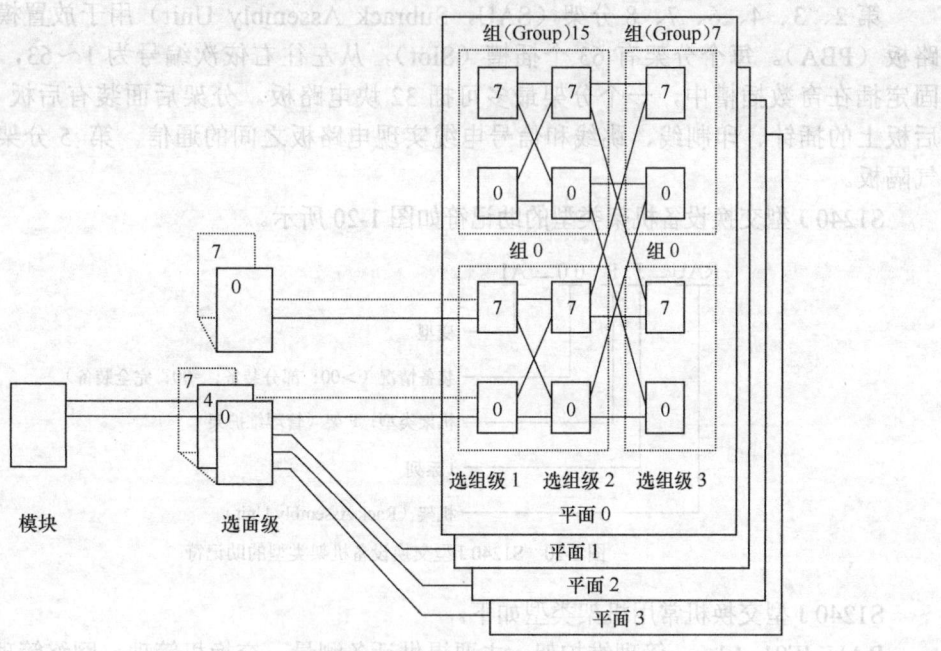

图 1-21　DSN 结构

（1）数字交换单元 DSE

数字交换单元 DSE 也称为多端口（Multiport），它是数字交换网络的基本单元，同时具有时分和空分交换功能。每个 DSE 有 16 个双向端口，16 个端口之间通过时分复用总线相连，每个端口内含一个接收口和一个发送口，形成一条双向 PCM 链路，即每个 DSE 有 16 条 32 信道的双向 PCM 链路，每个信道 16 bit，传输速率为 4.096 Mbit/s。DSE 的基本结构如图 1-22 所示，端口 8 到端口 11 称为低号端口，端口 12 到端口 15 称为高号端口。每个 DSE 由一块 SWCH 印制电路板构成。

（2）数字交换网络 DSN 的结构

S1240 交换机采用由 DSE 构成的单侧数字交换网络，分为选面级和选组级两部分。DSN 最大为 4 级 4 平面，选面级采用单级 DSE，选组级采用 3 级 DSE。

选面级 AS 也称为入口级，为了提高可靠性，AS 级采用成对连接，即每两个 DSE 组成 1 个 AS 对（称为 AS_n 和 AS_{n+4}）。所有 TM 和 ACE 通过两条 PCM 链路与一对 AS 相连接。通常 AS 对的 0～3 号端口连接数字中继、服务电路等高话务模块，0～7 号端口连接用户等低话务模块，12～15 号端口连接 ACE、CTM、P&L 和 DFM 等模块，而 8～11 号端口分别连至选组级的 0～3 号平面。AS 通常和它所连接的 TM 或 ACE 分布在同一个机架。

选组级 GS 是一个多级多平面结构，结构大小取决于平面数和每个平面的级数。根据终端话务量的大小，平面数可以有 2 个、3 个或 4 个；而各平面的级数以及每级所配的 DSE

数取决于所连的终端个数。选组级的作用是保证 S1240 交换机中任意一个模块通过 DSN 能够到达其他任意一个模块。

数字交换网络中，各级 DSE 之间按固定规律连接，该规律如图 1-23 所示。

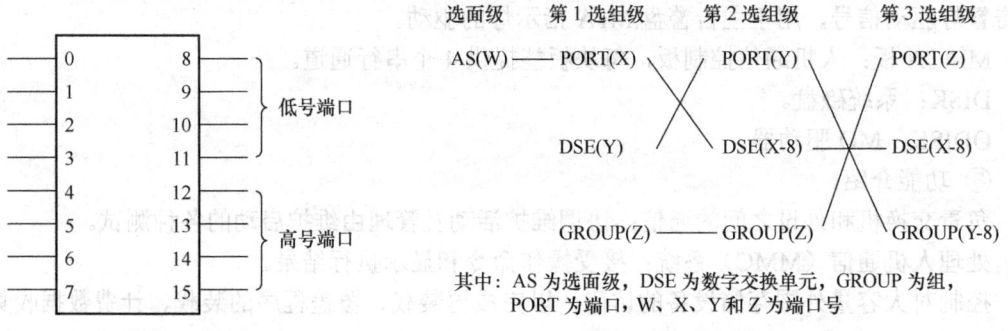

图 1-22 DSE 结构示意图   图 1-23 数字交换网络连接规律

3．主要硬件模块介绍

S1240 交换机中所有硬件模块都通过 PCM 链路连接到 DSN 上，可分为终端模块 TM 和辅助控制单元 ACE。终端模块由一个结构相同的终端控制单元 TCE 和终端电路 TC 组成。控制单元 CE 包括 TCE 和 ACE，硬件完全相同，分为两部分：一部分是微处理器 CPU 及存储器，负责执行控制模块功能的软件程序；另一部分是终端接口 TI，它是模块之间通过交换网络进行通信的接口。CE 对应处理机电路板 MCUX，S1240 J 型交换机的 MCUX 主要类型有 MCUA、MCUB、MCUG 等。终端模块的结构如图 1-24 所示。

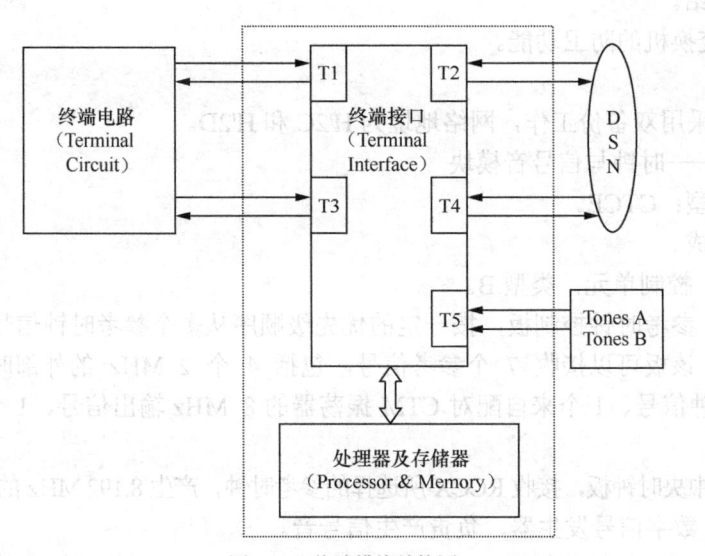

图 1-24 终端模块结构图

（1）P&L——外设与装载模块

① 模块类型：PLCE。

② 硬件构成。

MCUB 板：控制单元，类型 B。

DMCA 板：直接存储器控制器，提供 2 个系统串行通道以及访问大容量存储器设备的 SCSI 接口。

CLMA 板：中央告警板，为 P&L 提供告警接口，它可以接收 16 个外部告警，产生 20 路告警灯驱动信号，用于主告警盘 MPA 指示灯的驱动。

MMCA 板：人机通信控制板，每块板能提供 4 个串行通道。

DISK：系统磁盘。

ODISK：MO 驱动器。

③ 功能介绍。

负责交换机和外设之间的通信；协调维护活动及管理由维护启动的各种测试。

处理人机通信（MMC）系统；接受操作命令和显示执行结果。

控制对大容量外围存储设备的访问，以完成再装载、覆盖程序的装载、计费数据收集等功能。

提供交换机告警外设接口。

④ 说明。

P&L 模块采用双备份工作，即主/备用工作方式（ACTIVE/STANDBY）；其网络地址为 H'C 和 H'D。

（2）DFM——维护模块

① 模块类型：DFCE。

② 硬件构成。

MCUB 板：控制单元，类型 B。

③ 功能介绍。

负责实现交换机的防卫功能。

④ 说明。

DFM 模块采用双备份工作，网络地址为 H'2C 和 H'2D。

（3）CTM——时钟与信号音模块

① 模块类型：CTCE。

② 硬件构成。

MCUB 板：控制单元，类型 B。

RCCX 板：参考时钟控制板，按一定的优先级顺序从多个参考时钟信号中选择一个作为本局参考时钟。该板可以接收 7 个参考信号，包括 4 个 2 MHz 的外部时钟信号、1 个 5 MHz 的原子时钟信号、1 个来自配对 CTM 振荡器的 8 MHz 输出信号、1 个自身振荡器的 8 MHz 输出信号。

CCLC 板：中央时钟板，接收 RCCX 所选择的参考时钟，产生 8.192 MHz 的系统时钟。

DSGA 板：数字信号发生器，负责产生信号音。

TSAB 板：测试信号分析器，连接到 CTM 模块 MCUB 板终端接口的 3 号端口上，由 DSP、S/P、PROM 和 RAM 组成。

DAUA 板：录音通知板，通过更换 EPROM 的录音来改变通知音，该单板可选。

③ 功能介绍。

产生 8.192MHz 系统时钟，分布到所有的数字交换单元和控制单元，以确保系统同步运行。

产生交换机控制用的信号音和实时时间（即日时钟 TOD），信号音并行分布到所有控制单元。信号音 PCM 链路上，CH_1 发送秒和分秒，CH_2 发送小时和分钟，CH_3～CH_{31} 发送各种信号音的样值。

TSAB 负责测试分析，通过执行命令来启动硬件测试，并收集和分析测试结果，最后将分析结果送到系统 ACE。

提供 4 个外部参考时钟同步的接口。

④ 说明：CTM 采用双备份工作，即主/热备用工作方式（ACTIVE/HOT STANDBY）；其网络地址为 H'1C 和 H'1D。

（4）ASM——模拟用户模块

① 模块类型：JLTCE。

② 硬件构成。

MCUA 板：控制单元，类型 A。

ALCN 板：模拟用户电路板，8 块 ALCN 板/模块，16 个用户/ALCN 板。

RNGF 板：铃流产生板，1 块 RNGF 板/模块，2 套铃流发生器/RNGF 板，每套铃流发生器负责 64 条用户线。

TAUC 板：测试存取单元，2 块 TAUC 板/机架，该单板可选。

RLMC 板：机架告警板，每块可收集 64 路硬件告警，2 块 RLMC 板/机架，该单板可选。

③ 功能介绍。

提供模拟用户和交换机的接口，为模拟用户提供终端电路。

产生铃流信号，供给需要振铃的用户线。

提供对用户电路的内部测试。

收集本机架的硬件告警。

④ 说明：ASM 模块具有交叉连接（CROSS-OVER）功能。

（5）ISM——ISDN 用户模块

① 模块类型：JISMTCE。

② 硬件构成。

MCUB 板：控制单元，类型 B。

ISTA 板：ISDN 用户终端板，8 块 ISTA 板/模块，8 个 BA 接口/ISTA 板。

③ 功能介绍。

提供 BA 接口（即 2B+D 接口，2 条速率为 64 kbit/s 的语音/数据 B 信道，1 条 16 kbit/s 的信令 D 信道）。

④ 说明。

ISM 模块具有交叉连接（CROSS-OVER）功能。

（6）DTM——数字中继模块

① 模块类型：DCASTCE。

② 硬件构成。

DTUX 板：数字中继单元，由终端接口 TI、处理器及存储器、中继功能三部分组成。

③ 功能介绍。

提供中继物理接口，其中包含中继信号调整、隔离的变压器、自环电路和时钟再生电路

（输出 2 MHz）。

时钟提取和码型转换、再定时、帧同步检测和 CRC4 码检测。

④ 说明。

DTM 模块是传输媒介 PCM 2 Mbit/s 链路与系统内部 4 Mbit/s 链路之间的转换接口。

（7）IPTM——综合信息包中继模块

① 模块类型：IPTMN7、IPTMX25、IPTMPRA 和 IPTMV52。

② 硬件构成。

MCUB 板：控制单元，类型 B。

DTRI 板：I 型数字中继板。

③ 功能介绍。

IPTMN7 同时具有中继电路功能和 No.7 信令功能，可提供 4 条 7 号信令链路终端。

IPTMX25 提供符合 X.25 协议规范的 4 条链路。

IPTMPRA 是 30B+D 数字接入接口模块，提供 30 条 B 信道和 1 条 D 信道。

IPTMV52 具有 V5.2 接口功能，是交换机与接入网相连的接口模块。每个模块提供 1 条 C 信道，此模块必须成对配置，一对模块最多可管理 1024 线模拟用户或 500 线数字用户。

④ 说明。

IPTMN7 是带 7 号信令链路的 7 号中继模块；IPTMX25 是 X.25 链路模块；IPTMPRA 是 30B+D 数字接入接口模块；IPTMV52 是 V5.2 接口模块。

（8）HCCM——高性能公共信道信令模块

① 模块类型：HCCSM386。

② 硬件构成。

MCUA 板：控制单元，类型 A。

SLTA 板：信令链路终端板，1 条 7 号信令链路终端/SLTA，每个模块可装 8 块 SLTA 板。

③ 功能介绍。

处理 7 号信令第二、三层的功能；最多可提供 8 条 7 号信令链路终端。

（9）SCM——服务电路模块

① 模块类型：ISVCE。

② 硬件构成。

MCUB 板：控制单元，类型 B。

DSPX 板：数字信号处理器，分为 R2DTR2DT、SCR2DT、SC3R2DT、SC10R2DT；每个 R2DT 可提供 16 个 MF 信号发送或接收号码，SC 提供 6 组 5 方会议电话，SC3 提供 10 组 3 方会议电话，SC10 提供 3 组 10 方会议电话。

③ 功能介绍。

对 DTMF 用户话机所发号码进行检测分析。

对局间多频信令进行检测分析，同时能产生多频信令并发送。

实现会议电话功能，该功能可选。

（10）DIAM——数字综合录音通知模块

① 模块类型：DIAM。

② 硬件构成。

DIAA 板：动态综合录音通知板。

AMEA 板：辅助存储器扩展板，24MB 内存，最多存储的录音通知时间为 52min。

或 DIAB 板：84MB 内存，最多存储的录音通知时间为 138 min。

③ 功能介绍。

主要用于紧急呼叫、叫醒服务、改号通知、新闻发布及智能网上的应用等方面。每个 DIAM 模块带有 56 条 PCM 信道，即最多可同时连接 56 个用户。DIAM 发送录音通知有固定和动态两种方式，分别通过 TONE 和 DSN 送到目的地。

（11）MPTMON——多处理测试监控器模块

① 模块类型：MONI386。

② 硬件构成。

MCUB 板：控制单元，类型 B。

③ 功能介绍。

不参与交换功能的运作，完成交换机的功能测试及状态监视。

（12）ACE——辅助控制单元模块

① 模块类型。

分为 SCALSVT、SCALSVL、SACECHRG、SACEADM、SACETRA、SACELDC、SACEN7、SACEOSI、SACECP、SACEORJ、SACEIN、SACEPBXP、SACEPBXB、SACELBCG 和 SACELPUB 等。

② 硬件构成。

MCUX 板：控制单元，X 可分为 A、B、C、G 等。

MCUA：处理器 8086，寻址能力 1 MB，工作时钟 8 MHz。

MCUB：处理器 80386，寻址能力 16 MB，工作时钟 16 MHz。

MCUC：处理器 80486，寻址能力 16 MB，工作时钟 33 MHz。

MCUG：处理器 80586，寻址能力 64 MB，工作时钟 133 MHz。

③ 功能介绍。

SCALSVT 完成中继呼叫处理、路由选择等功能。

SCALSVL 完成用户呼叫处理、路由选择等功能。

SACECHRG 处理跳表计费、详细计费、立即计费等与计费相关的数据。

SACEADM 辅助 P&L 对交换机进行集中管理，完成中央数据收集并处理分析统计数据。

SACETRA 对中继资源进行合理分配。

SACELDC 对当前所有本地用户线数据进行收集处理，对计费记录进行标准格式化。

SACEN7 执行 7 号信令网管理和控制功能。

SACEOSI 实现 OSI-STACK 处理，具有 TCAP 和 SCCP 功能。

SACECP 执行所有与计费输出有关的功能，还具备存储程序控制安排、用户中继监测等功能。

SACEORJ 处理人机命令，对中继及路由关系进行管理。

SACEIN 处理智能网业务。

SACEPBXP 完成 PBX 资源管理。

SACEPBXB 完成商务通信组 BCG 资源管理。

SACELBCG 提供静态或动态的 BCG 用户数据，负责 BCG 用户数据的分析。

SACELPUB 提供静态或动态的用户数据，负责用户数据的分析。

④ 说明。

SACECHRG 采用 ACTIVE/STANDBY 工作方式；SACEADM 采用 ACTIVE/STANDBY 工作方式。

（三）时钟和信号音分配

S1240 交换机的时钟分布情况如图 1-25 所示。

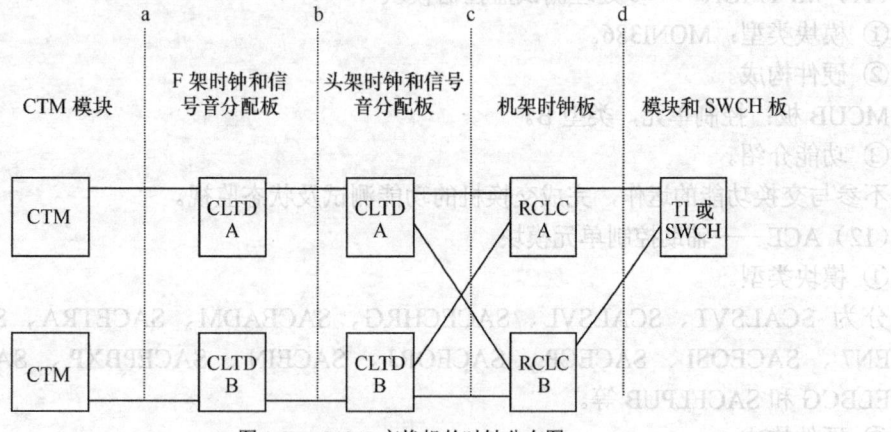

图 1-25　S1240 交换机的时钟分布图

a：由 CTM 模块的 RCCC/CCLC 产生 A、B 路时钟送到 F 架时钟和信号音分配板 CLTD 上。

b：由 F 架时钟和信号音分配板送到头架时钟和信号音分配板 CLTD 上。

c：由头架时钟和信号音分配板送到本排每个机架的机架时钟板 RCLC 上。

d：由机架时钟板送到本机架各分架上的所有 DSE 和控制单元。

信号音由 CTM 的 DSGA 板产生，通过 CLTD 板和 RCLC 板与时钟信号并行分配到交换机的每个机架，机架内的各个 CE 从自身 TI 的端口 5 接收两路信号音。

CLTD 为时钟和信号音分配板，它接收一路时钟输入信号和一路信号音输入信号，最多可产生 20 路的时钟和信号音输出。

RCLC 为机架时钟板，它接收两路（A、B 路）时钟输入和一路信号音输入，这两路时钟信号来自本排机架头架中的一对 CLTD，信号音则来自其中一个 CLTD。RCLC 板对输入信号进行纠正，并随机选择其中一路时钟信号作为其内部振荡器的参考信号，以自动方式产生 8.192 MHz 的系统时钟送到架内所有 DSE 和控制单元。对于信号音 RCLC 只起分配作用。一块 RCLC 板最多可以产生 14 路时钟输出信号和 6 路信号音输出信号。

（四）电源分布

S1240 交换设备在直流下工作，其电源是从交换机电源分配架分配到各机架顶架的空气开关，再由空气开关分配到各分架上的直流转换器（DC/DC）或直接使用者（如模拟用户线）。

1. 电源分配架

主电源中直流配电屏送来的−48V（整流器实际输出值是−53.4 V 左右）直流电源进入电

源分配架，经过架内的分路熔丝（FUSE）送至交换机的其他机架。架中设备分成独立的两组，即 A 路设备和 B 路设备。每一路设备包括以下内容。

① 12 个分路熔丝（63A）。

由每个分路熔丝送出的电源电缆可为 1 个到 3 个机架供电，并且熔丝还提供保护作用。

② 25 个电容和 5 个保护电容的熔丝。

这些电容接在地线和电源负极的 A 分支之间，对每一路的输入直流具有稳定作用。

③ 5 个空气开关。

机架顶部有 10 个空气开关，它们专门为交换机一些外设提供电源，如 VDU、打印机和主告警盘（MPA）等，同时具有保护作用。左边 5 个空气开关由 A 路电容组的第一个熔丝供电，右边 5 个空气开关由 B 路电容组的第一个熔丝供电。

④ 12 个输出滤波器。

这些滤波器采用 π 型滤波，使输出到机架的直流电源更加稳定。从分路熔丝接出来的电源电缆连到输出滤波器，再由电缆送至负载机架上。

2. 架内电源分布

从电源分配架来的 A 路和 B 路电缆将电源送到负载机架的顶架后板上，再由另外两根电缆将电源从后板送至顶架前面的两组空气开关，由它们进行 A 路和 B 路电源的再分配。左边一组空气开关负责 A 路电源分配，右边一组负责 B 路电源分配。A 路电源经过空气开关形成多个分路（最多可 19 路），经电缆送到机架各分架的后板上，供给直流转换器和直接负载。B 路电源分配跟 A 路相似。每个直流转换器只接收一路电源（A 路或 B 路电源），它把 −48V 的直流电源转换成多种电位输出，如 +5V、−5 V、+12V、−12 V 和 −15 V 等。通过电缆、后板印制线从后板将电源送到 PBA 等设备中。

📖 任务总结

1. 电信网的基本组成包括终端设备、传输设备和交换设备。

2. 电信网按网络功能分为交换网、传输网和接入网。

3. 电信网常用的网络拓扑结构有网状网、星形网、复合网、树形网、环形网和总线网等。

4. 我国电话通信网采用分级网结构，长途电话网由一级长途交换中心 DC1 和二级长途交换中心 DC2 构成，本地电话网由汇接局和端局两级交换中心组成。

5. 现代通信网中采用的交换方式主要有电路交换和分组交换，分组交换有虚电路和数据报两种分组传送方式。电路交换适合于语音业务，而分组交换主要应用于数据通信网，下一代网络也是基于分组交换的。

6. 程控交换机的硬件分为话路部分和控制部分，话路部分由用户电路、中继器、信令设备以及数字交换网络组成，控制部分由处理器、存储器以及输入/输出设备组成。

7. 模拟用户电路具有 BORSCHT 七项基本功能。

8. 数字中继器的主要功能有码型变换和反变换、时钟提取、帧同步和复帧同步、帧定位、信令的提取和插入。

9. 程控交换机常用信令设备有信号音发生器、DTMF 接收器、多频信号发生器和多频信号接收器以及 No.7 信令终端。

10. 为实现任意用户之间的语音通信，数字交换网络必须完成不同复用线不同时隙之间的交换。T 接线器和 S 接线器是数字交换网络中两种最基本的接线器，T 接线器完成时隙交

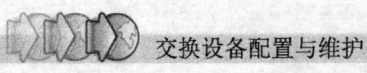

换，S 接线器完成空间交换。通常采用多级接线器构成数字交换网络，如 TST 网络。

11．程控交换机控制系统的结构方式分为集中控制和分散控制两种，为了提高控制系统的可靠性，处理机通常采用同步双工、互助结构、主/备用和 $N+m$ 备用等冗余配置方式。

12．评价交换系统设计水平和服务能力的重要指标是话务量和呼叫处理能力。

13．S1240 交换机采用分布式系统结构，由数字交换网络、各种终端模块和若干辅助控制单元组成。

14．S1240 交换机采用由 DSE 构成的单侧数字交换网络，分为选面级和选组级两部分，最多 4 级 4 平面，其级数和平面数分别由终端个数和话务量大小决定。

15．S1240 J 型交换机常用硬件模块包括 P&L、DFM、CTM、ASM、ISM、DTM、IPTM、HCCM、SCM、DIAM、MPTMON 以及 ACE 等。

习题

一、选择题

1．电信网的基本组成部件包括（　　）。

A．终端设备、传输设备、交换设备　　　　B．终端设备、接入设备、交换设备

C．通话设备、信令设备、转换设备　　　　D．通话设备、信令设备、交换设备

2．程控交换机的模拟用户电路具有 BORSCHT 功能，当用户正在通话时不会用到其中的（　　）和（　　）功能。

A．馈电　　　　　　B．过压保护　　　　　C．振铃　　　　D．监视

E．编译码和滤波　　　F．混合电路　　　　G．测试

3．数字交换是时隙交换，属于（　　）交换。

A．单向四线　　　　B．单向二线　　　　　C．双向四线　　　D．双向二线

4．在传统的移动 2G 网络中，移动交换中心 MSC 采用（　　）交换方式。

A．分组　　　　　　B．报文　　　　　　　C．电路

5．程控交换机内部采用的传输码型为（　　）。

A．AMI　　　　　　B．HDB$_3$　　　　　　C．NRZ

二、填空题

1．处理机常用的冗余配置方式有：_____、_____和_____。

2．数字交换网络中，T 接线器完成_____交换功能，S 接线器完成_____交换功能。

3．电信网的支撑网包括_____、_____和_____。

4．S1240 J 型交换机采用的控制方式为_____控制。

5．程控交换机的馈电电压为_____，铃流的标称值为_____。

三、设计题

某省 114 系统扩建座席资源，请完成相关配置计算。

取定话务模型：全省每月 114 呼叫量 600 万次，其中 10%需要转接或开展增值服务；

　　　　　　　　　一天忙时呼叫量占全天 10%；

　　　　　　　　　每个呼叫时长 45 秒，转接或增值服务呼叫时长 180 秒；

　　　　　　　　　话务员最大负荷率为 0.8，中继线最大负荷率为 0.7。

试计算人工座席数和中继线数量。

学习情境 2

程控交换设备数据配置与维护

任务 2　S1240 交换机用户数据配置

在 S1240 交换机的日常维护中，使用最频繁的人机命令就是关于用户线管理和用户线故障排除的命令。用户线的管理和维护质量高低直接影响到用户使用交换机的满意程度。学生通过此任务的学习，可以掌握用户和新业务数据的配置方法。

📖任务目的

1. 了解程控交换机的软件知识；
2. 掌握呼叫处理的基本原理；
3. 熟悉 PSTN 新业务及其使用方法；
4. 能够根据数据规划，完成用户的装机和拆机；
5. 能够为用户开放新业务。

📖任务资讯

2.1　程控交换机软件概况

2.1.1　程控交换机的运行软件

程控交换机通过控制系统中的程序运行来完成整个话路部分的接续任务。因此，软件在交换机中具有极其重要的作用。程控交换机的软件主要分为运行软件和支援软件。运行软件是支持交换系统正常运行所需的呼叫处理、管理和维护等的全部程序和数据，支援软件用于开发和生成交换局的软件和数据，以及交换设备的开通测试。

程控交换机具有业务量大、实时性强和可靠性高等特点，因此要求其运行软件具有以下特点。

（1）运行时间快（实时性）：满足一定的服务质量标准，如不能因软件的处理能力不足而使用户等待时间过长。

（2）并发性和多道程序运行：能同时进行许多任务。

（3）业务的不间断性：对故障处理及时，维护工作不能干扰呼叫处理。

（4）具有通用性和可扩展性。程控交换机的运行软件由系统程序、应用程序和数据组成，如图 2-1 所示。

1．系统程序

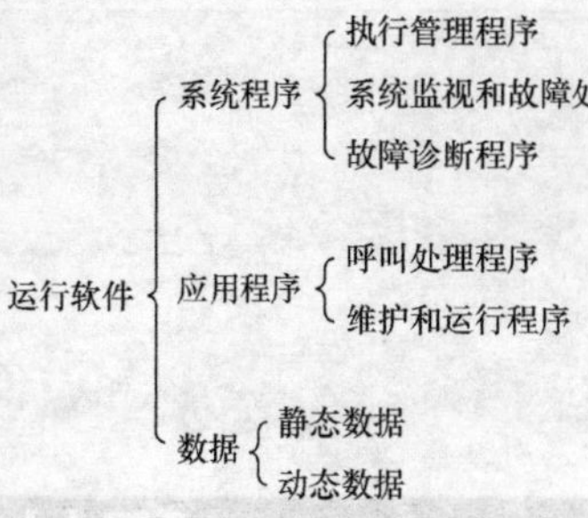

系统程序包括执行管理程序、系统监视和故障处理程序、故障诊断程序等，是交换机硬件与应用程序之间的接口，其主要作用包括以下内容。

（1）任务调度：按优先级给应用程序分配处理机时间。

（2）I/O 设备的管理和控制：控制 I/O 设备与处理机之间的通信。

运行软件组成：
- 系统程序
  - 执行管理程序
  - 系统监视和故障处理程序
  - 故障诊断程序
- 应用程序
  - 呼叫处理程序
  - 维护和运行程序
- 数据
  - 静态数据
  - 动态数据

图 2-1　运行软件组成

（3）资源的调度和分配：为正在运行的程序分配存储器和外部设备资源。

（4）处理机间的通信：用于多处理机系统。

（5）系统的监视和故障处理：对交换机公用设备的工作情况进行监视，对故障及时进行识别、分析和处理。

（6）人机通信：对输入的命令进行编辑和执行。

2．应用程序

应用程序是直接控制电话交换和维护管理的程序，其主要作用包括以下内容。

（1）呼叫处理：负责建立呼叫接续并对呼叫进行监视、释放（具体有扫描监视等）和计费管理。

（2）管理程序：是对交换机的运行进行管理和控制的程序，涉及话务量的观察、统计和分析，对用户线和中继线的维护测试，对业务质量的检查，以及业务变更处理（用户及业务的变动）等。

（3）维护程序：负责故障检测、诊断和定位。

3．数据

由运行软件相关程序处理的数据有两种：一种是说明用户呼叫和通话过程中使用的系统资源的状态以及资源之间连接关系的暂时性数据，也叫动态数据；另一种是描述交换机硬件结构及其运行条件的半永久性数据，也称静态数据。

动态数据是在呼叫处理中建立和使用的数据，它存储在内部存储器中，一旦呼叫结束，这些数据即被清除或修改，例如用户的忙闲数据。

静态数据包含交换系统数据、局数据和用户数据，它是局数据库里的数据，一般存储在磁盘中。

（1）交换系统数据

这是仅与交换机系统有关的数据，通用性较强，即不论该交换设备在哪个局都是相同的数据。它由厂家根据设备数量、交换网络的组成、存储器的地址分配、各种信号等有关数据在出厂前编写。

（2）局数据

与各局设备情况等具体条件有关的数据称为局数据。局数据反映交换局在通信网中的级别，本交换局与其他交换局的中继关系。局数据内容随不同交换局而异，主要包括交换局公用硬件设备配置情况、局间环境参数、迂回路由设置情况、接入的用户交换机情况、公用设备忙/闲状态、计费方式、话务量及接通率统计数据和计费数据、特服情况、新业务提供情况、复原方式、交换机类别、各种号码等各类数据。局数据一般只在本局使用。

（3）用户数据

用户数据反映全部的用户情况，每个用户都有自己特有的用户数据，用户数据一般包含用户情况、用户类别、话机类别、用户专用情况、出局权限类别、用户对新业务的使用权、用户登记的新业务、用户计费类别、用户费率等级以及各种号码等方面内容。

2.1.2　程序的执行管理

1. 实时处理、多重处理和群处理

程控交换机的话路接续任务是在程序的控制下完成的，因此要求处理机具有较高的实时处理、多重处理和群处理能力。

实时处理是将处理任务划分为不同优先级，在执行时采用定时扫描、多级中断和队列 3 种方式进行处理。由于呼叫处理要求具有随机性，因此处理机采用周期性的监视扫描。扫描周期的长短视时间要求而定，对处理时间要求比较严格的，扫描周期较短；对处理时间要求不太严格的，扫描周期较长。为了保证优先级别高的程序能够得到及时处理，可采用多级中断的方法加以实施。故障中断启动故障级程序，时钟中断启动周期级程序。对那些时间要求不严格的程序，则采用队列的方法予以启动。

多重处理就是处理机以多道程序方式工作，同时进行多项不同的任务，实现并发执行的机制。程控交换机能够进行多重处理，是因为处理机的处理速度很快，而话路设备的接续动作缓慢。这种处理方法利用了话路设备动作较慢的特点，在话路设备接续时，处理机可以去处理其他任务。

群处理就是利用处理机具有并行运算的能力，对同样性质的任务进行并行处理，可以缩短处理时间。例如，用户的摘/挂机识别就是按群处理方式进行的。

2. 程序的执行级别

对程序的执行管理是将程序按实时性要求分成故障级、周期级和基本级 3 种执行级别，如表 2-1 所示。

表 2-1　　　　　　　　　　　　　　程序的执行级别

等　　级		示　　例
故障级	FH 级	处理影响整个设备运行的重大故障，如电源中断等
	FM 级	处理中央处理子系统故障的程序
	FL 级	处理话路子系统以及 I/O 子系统等局部故障的程序
周期级	H 级	执行实时性要求高的程序，如拨号识别程序等
	L 级	执行实时性要求较低的程序，如摘/挂机识别、控制 I/O 设备的程序
基本级	B 级	执行无实时性要求或可以延迟处理的程序

（1）故障级

故障级程序实时性要求最高，正常情况下不启用，一旦发生故障，由故障中断启动，必须立即执行。故障级程序的任务是进行故障识别和故障排除，如主备倒换、系统再组成等，以恢复系统的正常工作。故障级程序不受任务调度的控制，按故障部位影响系统的程度又分为 FH、FM、FL 三级。

（2）周期级

周期级程序是交换设备正常运行时优先执行的程序，实时性要求较高，有固定的执行周

期，每隔一定时间由时钟中断启动，各种扫描程序都属于周期级程序。按照程序对实时性要求程度不同，周期级程序又分为 H 和 L 两级，一般采用时间表来控制执行。

（3）基本级

基本级程序是执行级别最低的程序，它对实时性要求不太严格。基本级程序有些周期较长，有些没有周期性，有任务才执行，分析程序都属于基本级程序。按其重要性和影响面大小，基本级程序可进一步分为 BQ_1、BQ_2 和 BQ_3 三级，一般用队列来控制启动。

3. 程序的执行管理

程序的启动由任务调度程序控制，每当发生周期性时钟中断时，处理机就从内存中启动任务调度程序，控制各级别程序的执行，每隔 4ms 进行一次。在 4ms 内，H、L 和 B 级程序按顺序执行，所有程序执行完后如有空余时间，处理机执行暂停指令，进入暂停状态，等待下一个 4 ms 中断的到来。故障级不受任务调度程序的控制，一旦发生故障，通过中断源触发器产生中断请求，中断正在执行的周期级或基本级程序，同时通过紧急启动电路启动故障处理程序，故障处理完毕返回中断点，继续执行被中断的程序，如图 2-2 所示。

图 2-2　程序的执行管理

从图 2-2 中可以看出程序调用的基本原则。

（1）基本级程序插空处理，一般采用分级调度和 FIFO 的原则。

（2）基本级程序在执行中允许中断插入（被 C 级、F 级程序中断插入），而转入中断处理程序。

（3）中断级程序在执行中只允许更高级别的中断插入。

（4）基本级被周期级中断插入后进行恢复处理时，只恢复被中断的那个基本级程序，然后按顺序处理。

2.2　呼叫类型

在程控交换机中，电话接续任务是在呼叫处理程序控制下完成的。程控交换机可以控制本局呼叫、出局呼叫、入局呼叫和转接呼叫 4 种呼叫类型。

1. 本局呼叫

当主叫用户直接在本交换机内找到被叫用户时，称为本局呼叫，如图 2-3 所示。

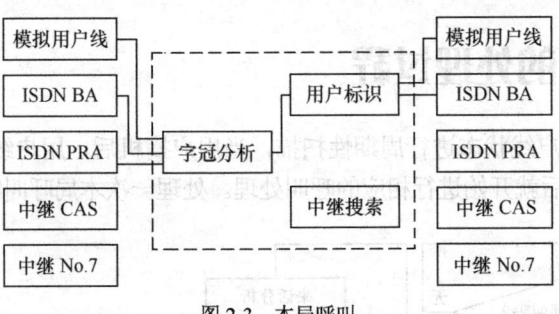

图 2-3　本局呼叫

2．出局呼叫

当用户呼叫的结果是访问本局中继模块时，称为出局呼叫，如图 2-4 所示。

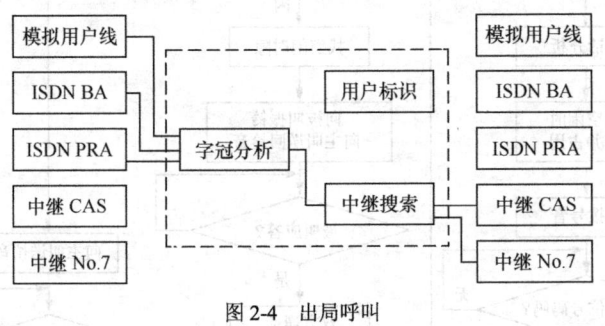

图 2-4　出局呼叫

3．入局呼叫

当经过入中继进来的呼叫在本局找到被叫用户时，称为入局呼叫，如图 2-5 所示。

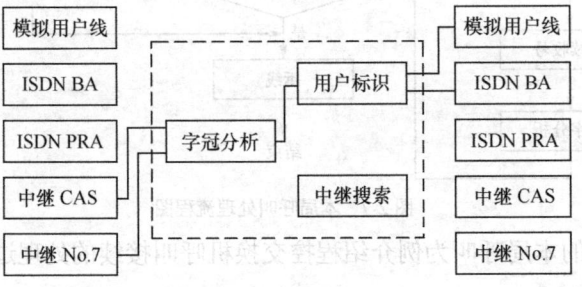

图 2-5　入局呼叫

4．转接呼叫

经过本局转接访问下一交换机，称为转接呼叫，如图 2-6 所示。

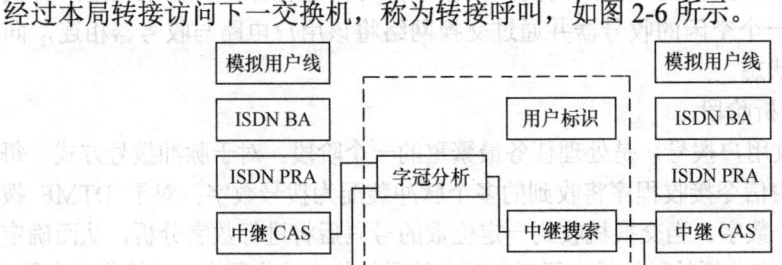

图 2-6　转接呼叫

2.3 呼叫接续的处理过程

程控交换设备对用户线状态进行周期性扫描，当用户摘机后，用户线回路由断开变为接通，处理机识别到状态变化后就开始进行相应的呼叫处理。处理一次本局呼叫的流程如图 2-7 所示。

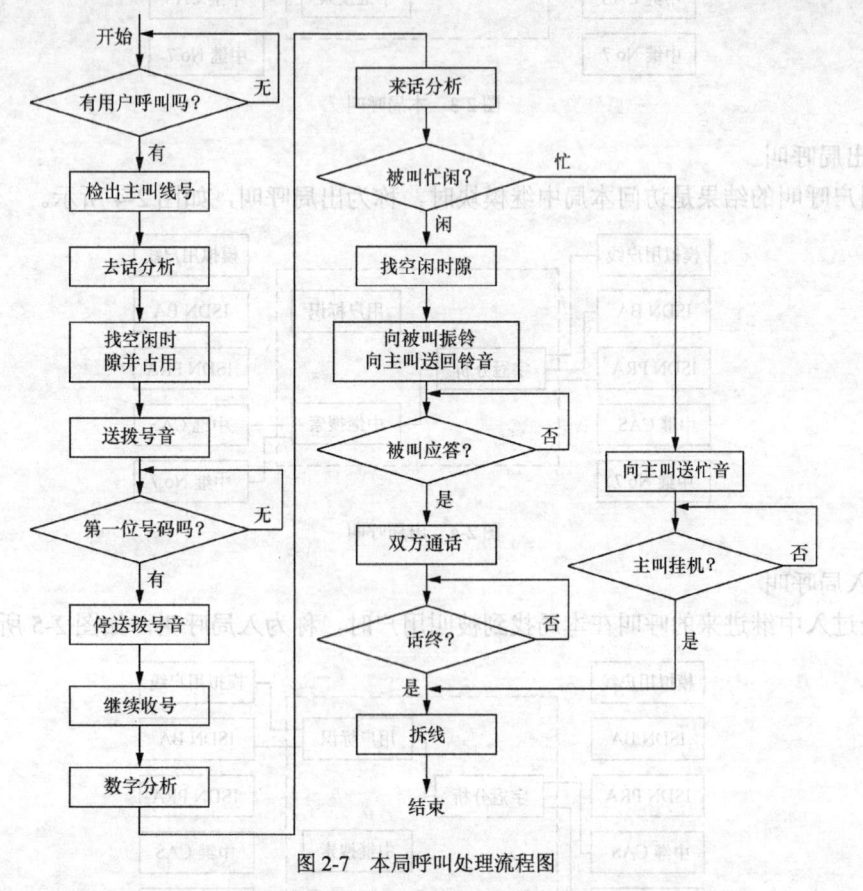

图 2-7　本局呼叫处理流程图

下面以一次成功的本局呼叫为例介绍程控交换机呼叫接续的处理过程。

1．用户呼出阶段

交换机按照一定的周期检查每一条用户线的状态。当发现用户摘机时，交换机就根据用户线在交换机上的安装位置找到该用户的用户数据，并对其进行分析。如果该用户有权发起呼叫，交换机就寻找一个空闲的收号器并通过交换网络将该用户电路与收号器相连，向用户送拨号音，进入收号状态。

2．数字接收及分析阶段

此阶段交换机接收用户拨号，是处理任务最繁重的一个阶段。对于脉冲拨号方式，每次收到的是一个脉冲，并由信令接收程序将收到的多个脉冲装配为拨号数字；对于 DTMF 拨号方式，每次收到的是一个数字。当交换机收到一定位数的号码后将进行数字分析，从而确定呼叫的类型和路由等。当数字分析的结果是本局呼叫时，就通知信令接收程序继续接收剩余号码。

3．通话建立阶段

当被叫号码收齐后，交换机根据被叫号码查询被叫用户数据。若被叫用户空闲且未登记

与被叫有关的新业务（如呼叫转移），交换机就在交换网络中寻找一条能将主叫和被叫用户连接的通路，并预先占用该通路，同时向被叫用户振铃，向主叫用户送回铃音。

4．通话阶段

当被叫用户摘机应答后，交换机停止向被叫用户振铃、向主叫用户送回铃音，将交换网络中连接主、被叫用户的通路接通，同时启动计费，呼叫进入通话阶段。交换机对话音信号进行透明传输，不做任何处理。

5．呼叫释放阶段

在通话阶段，交换机检测到用户挂机后立即或延时释放通话电路，停止计费，呼叫处理结束。话终通话电路复原控制方式有主叫控制、被叫控制、互不控制和互相控制 4 种方式。普通模拟用户呼叫为主叫控制复原方式，而 119、110 为被叫控制复原方式。

2.4 呼叫处理的基本原理

从本局呼叫的处理过程可以看出，一次呼叫的全过程可划分为若干个稳定状态。交换机对呼叫的处理，总是使呼叫由一个稳定状态转移到另一个稳定状态。稳定状态是在接续过程中稳定不变的状态，如空闲、收号、振铃、通话、听忙音等。处理机接收输入信号，从一个稳定状态转变到另一个稳定状态的过程，就是状态转移。呼叫接续的过程即是状态转移的过程，状态迁移由呼叫处理程序控制，如图 2-8 所示。

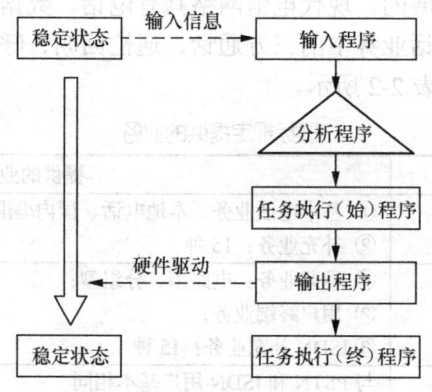

图 2-8 呼叫处理的基本程序

从图 2-8 中可以看出，程控交换机呼叫处理的基本过程包括输入处理、分析处理、内部任务执行和输出处理。

1．输入处理

输入处理就是收集所发生的呼叫事件，即识别并接收外部输入的处理请求。输入处理的程序称为输入程序，如各种周期性扫描程序。这些周期性扫描程序主要包括用户摘机识别程序、用户挂机识别程序、号盘话机的脉冲识别程序、位间隔识别程序和按钮号码识别程序等。输入程序通过周期性扫描，收集各种输入信息，根据其状态变化，进行相应的逻辑运算，以识别状态转移的原因，它们属于周期级程序。

2．分析处理

分析处理就是对识别到的呼叫事件进行正确的逻辑处理，即根据输入信号和当前状态进行分析判断，以决定下一步应执行的任务及状态。分析处理由分析程序执行，它们是基本级

程序。分析程序按其功能划分为去话分析、数字分析、来话分析和状态分析等。

3．内部任务执行和输出处理

内部任务执行和输出处理就是根据分析处理结果，向硬件或软件发出要求采取动作的命令。其中，控制状态转移的程序称为任务执行程序，在任务执行中与硬件动作有关的程序作为独立的输出程序。任务执行又分为任务执行（始）和任务执行（终）两部分，如图2-8所示。

任务执行分为动作准备、输出命令和终了处理3部分，输出处理就是控制话路设备动作或复原等处理。

（1）任务执行的动作准备就是准备硬件资源，主要包括准备必要的硬件、进行新状态的拟定、编制硬件动作指令。

（2）输出命令由输出程序根据编制好的指令输出，执行驱动任务，具体执行由输出处理完成。其主要包括通话电路的驱动和复原、发送分配信号、发送局间信令、发送计费脉冲、发送处理机之间的通信信息和测试呼叫信号等。

（3）最后在驱动任务完成以后还要进行终了处理，即在硬件动作转移到新状态之后，软件对相关数据进行修改，使软件与已经动作的硬件变化相符合。其主要包括监视存储器的存储变更、硬件示闲、话务数据的收集、准备受理新的输入数据等。

2.5　PSTN 补充业务

电信业务是面向用户开展的。现代电信网络具有电话、数据、图像等大业务，在使用中还派生出许多小业务，如电话业务中的三方通话、遇忙回叫、呼叫前转等。国标规定电话交换设备应提供的业务种类如表2-2所示。

表2-2　　　　　　　　　　　　　　国标规定提供的业务

用 户 类 型	提供的业务
PSTN 用户	① 基本电话业务：本地电话、国内/国际长途电话等； ② 补充业务：15 种
ISDN 用户	① 承载业务：电路型、分组型； ② 用户终端业务； ③ ISDN 补充业务：15 种
Centrex 群用户	与 PSTN 和 ISDN 用户基本相同

由表2-2可知，对PSTN用户而言，补充业务是相对于基本电话业务而言的，其种类、比例和使用范围如表2-3所示。

表2-3　　　　　　　　　　　　　　PSTN 补充业务一览表

序 号	业 务 种 类	比 例	使 用 范 围
1	缩位拨号	1%	
2	热线服务	1%	
3	呼出限制	100%	
4	免打扰服务	2%	
5	查找恶意呼叫	1%	
6	闹钟服务	5%	
7	无应答呼叫前转	100%	本地、长途

续表

序 号	业 务 种 类	比 例	使 用 范 围
8	无条件呼叫前转	100%	本地、长途
9	遇忙呼叫前转	100%	本地、长途
10	遇忙回叫	0.5%	本地
11	呼叫等待	5%	本地、长途
12	三方通话	5%	本地、长途
13	会议电话	1%	本地
14	主叫号码显示	10%~30%	本地、长途
15	主叫号码显示限制	100%	本地、长途

1．新业务介绍

（1）缩位拨号

缩位拨号性能可使主叫用户在呼叫经常联系的被叫用户时，只用 1~2 位代码来代替原来的多位被叫号码，我国统一为 2 位缩位代码。这一性能可用于本地呼叫、国内和国际长途全自动呼叫。

（2）热线服务

热线服务也称为"免拨号接通"，即用户摘机后在规定时间内不拨号，就可自动接通至某一事先指定的被叫用户。登记热线服务的用户，如果要与非热线用户通话，则必须在摘机后 5s 内拨出被叫号码，否则将接通热线用户。

（3）呼出限制

呼出限制是发话限制，使用该项服务时，可根据用户需要，也可由电信局作出强制性限制，通过一定的拨号程序，限制该用户的某些呼出权限。例如：限制全部呼叫，包括本地电话呼叫；限制国内和国际长途自动电话呼叫；限制国际长途自动电话呼叫等。

（4）免打扰服务

免打扰服务又称为"暂不受话服务"。用户申请该项服务后，所有来话将由电信局代答，但用户的呼出不受限制。

（5）查找恶意呼叫

某一用户如果要求追查恶意呼叫的用户，则应向电信局提出申请，经申请后，如果遇到恶意呼叫，经过相应的操作程序，即可查出恶意呼叫用户的电话号码。

（6）闹钟服务

闹钟服务也称为"自动叫醒服务"。用户需要交换局自动叫醒时，事先向电信局登记叫醒时间，到预定时间交换局就自动振铃，以代替闹钟提醒用户去办计划中的事。闹钟服务是一次性服务。

（7）无应答呼叫前转

当呼叫某一话机在预定时间内无应答时，交换机按照转移清单将该呼叫自动转移到预先指定的某一话机。

（8）无条件呼叫前转

无条件呼叫前转允许一个用户将他的来话呼叫转移到另一个号码，而不需考虑该被叫用户的状态。

（9）遇忙呼叫前转

遇忙呼叫前转业务中，所有对被叫用户的来话呼叫当遭遇用户忙状态时，均自动转移到

另一个指定的电话号码。

（10）遇忙回叫

遇忙回叫也称为"自动回叫"。当用户呼叫遇到被叫用户忙，可挂机，等到被叫空闲时，由交换机自动回叫。执行自动回叫性能时，先向主叫振铃，主叫摘机后，改向被叫振铃，如果主叫用户久叫不应，则此次自动回叫服务自动取消。

（11）呼叫等待

呼叫等待是当用户甲与用户乙正在通话时，用户丙呼叫甲，丙可听到回铃音，同时甲用户可听到呼叫等待信号音。此时甲可做出选择，若甲想与丙进行通话，可拍一下叉簧，就能与丙通话，同时甲与乙的通路仍然保持，乙可听保持音。当甲与丙通话后，再拍一下叉簧即可恢复与乙的通话。

（12）三方通话

三方通话是当用户与对方通话时，如果需要另一方加入通话，可在不中断与对方通话的情况下，拨出另一方，实现三方共同通话。

（13）会议电话

交换设备提供三方以上共同通话的业务称为会议电话。

（14）主叫号码显示

此项新业务用于向用户提供显示主叫用户号码的功能。

（15）主叫号码显示限制

此项新业务限制向用户提供显示主叫用户号码的功能。

2．新业务使用

目前，公用网中各种程控电话服务功能的登记与使用方法已经趋于一致。下面简要介绍几种主要程控电话服务功能的登记和撤销方法，如表 2-4 所示。

表 2-4　　　　　　　　　　　　新业务登记、撤销方法一览表

业　务	登　记	撤　销	应　用
缩位拨号	*51*MN*TN#	#51*MN#	**MN
热线服务	*52*TN#	#52#	5 s 延迟接通
呼出限制	*54*KSSSS#	#54*KSSSS#	
免打扰服务	*56#	#56#	
查找恶意呼叫	事先登记		按 R 键拨*33#
闹钟服务	*55*H1H2M1M2#	#55#	
无应答呼叫前转	*41*TN'#	#41#	
无条件呼叫前转	*57*TN'#	#57#	
遇忙呼叫前转	*40*TN'#	#40#	
遇忙回叫	*59#	#59#	
呼叫等待	*58#	#58#	

注：TN 为被叫号码；TN'为转移地的电话号码；K=1 表示限制全部呼出，K=2 表示限制国际和国内长途全自动呼出，K=3 表示限制国际长途全自动呼出；SSSS 为密码；MN 为缩位代码；H1H2 为小时；M1M2 为分钟。

3．新业务使用注意事项

（1）某些新业务功能互相冲突，不能同时申请。

例如：用户申请了免打扰服务时，就无法进行查找恶意呼叫的操作；用户申请了无应答呼叫前转服务时，该用户就不能发生呼叫等待；闹钟服务和免打扰服务也不能同时申请。

（2）为用户开放某项新业务功能需要首先为该用户开放相应的业务权限，在程控交换设备中，使用人机命令可为用户开放新业务权限。

2.6 S1240 交换机用户数据配置相关知识

1．ASM 模拟用户模块

S1240 交换局的用户入局后经配线架 MDF 连接至 ASM 的 ALCN 板。ASM 可提供 128 个模拟用户的接口，实现对用户线的检测功能，给用户发送铃流，传送语音、数据信息，并对用户故障进行报告。这些用户电路可以支持不同类型的模拟用户，如：普通用户、公用投币话机用户、优先级用户等。ASM 采用交叉互助（CROSS-OVER）方式工作。

ASM 由 MCUA（模块控制单元）和以下电路板组成。

（1）ALCN（模拟用户电路板）：每块板有 16 个用户，每个模块可装 8 块 ALCN 板。

（2）RNGF（铃流板）：1 块，为本模块 128 个用户提供振铃电流。

（3）TAUC（测试存取单元）：一般一个机架配备 2 块，是模拟用户线和用户电路的测试接口电路。

（4）RLMC（机架告警板）：一个机架配备 2 块，收集本机架内的硬件告警。

2．用户数据

交换机中运行程序处理的数据有以下两种：一种是动态数据，也就是说明用户通话中使用的系统资源的状态以及资源之间连接关系的暂时性数据；另一种是静态数据，也就是描述交换机硬件结构以及运行条件的半永久性数据。静态数据包括局数据、用户数据以及交换系统数据。

用户数据全面反映用户情况，每个用户都有自己特定的用户数据，包括用户情况、用户类别、话机类别、新业务使用等数据，其中用户号码与用户设备号最关键。用户申请装、拆机（即开户、销户）就是要建立或删除用户电话号码与设备号码之间的关联关系。

3．用户数据管理常用命令

普通模拟用户管理是一线一号，即一个设备号码对应一个电话号码；ISDN 数字用户管理可以是一线一号或一线双号或一线多号，称为多用户号码，则一个设备号码即一个 BA，可以对应多个电话号码。在 S1240 交换机中，模拟用户线和 ISDN 用户线使用不同的人机命令创建，用户数据管理常用命令如表 2-5 所示。

表 2-5 用户数据管理常用命令

命 令 号	命令助记符	命 令 功 能
4291	CREATE-ANALOG-SUBSCR	创建新模拟用户，必须给出 DN、EN 和 SUBGRP
4292	CREATE-ISDN-SUBSCR	创建一个新 ISDN 用户
4294	MODIFY-SUBSCR	修改用户线的特性及用户特服
4295	REMOVE-SUBSCR	删除用户线对应的数据，必须给出 DN、EN
4296	DISPLAY-SUBSCR	显示用户线特性和相关数据
138	MODIFY-ABD-CODE	修改缩位拨号代码
141	CREATE-ABD-FACILITY	建立缩位拨号
142	REMOVE-ABD-FACILITY	删除缩位拨号

📖任务实施

一、任务描述

目前在 S1240 交换机 EC7X 版本中用户分为普通用户、BCG 用户、PABX 用户和 PRA 用户等，不同的用户类别使用的命令和参数不同。表 2-6 所示为普通用户的业务需求，要求完成用户的装机、新业务开放以及拆机等业务申请。

表 2-6   普通用户业务申请一览表

序　　号	用户（电话号码）	业务申请
1	用户 A	装机
2	用户 B	装机
3	用户 C（3211002）	国际长途全自动呼出
4	用户 D（3211003）	热线服务、免打扰
5	用户 E（3211004）	闹钟服务、无条件呼叫前转、来电显示
6	用户 F（3211005）	拆机
7	用户 G（3211006）	拆机

二、实践操作

（一）数据规划

在进行普通用户装机前，维护人员应按表 2-7 所示做好信息收集和数据规划。

表 2-7   普通用户装机申请数据规划

序　　号	用　　户	电话号码	设备号码	用户组号
1	用户 A	3211000	H'0&1	1
2	用户 B	3211001	H'0&2	1

（二）数据配置

1. 装机

用户装机就是用户开户的过程，需使用创建模拟用户/4291 命令。

（1）MML 命令

```
<CREATE-ANALOG-SUBSCR: DN=K'3211000, EN=H'0&1, SUBGRP=1;
<CREATE-ANALOG-SUBSCR: DN=K'3211001, EN=H'0&2, SUBGRP=1;
```

执行创建模拟用户命令后，S1240 交换机输出报告如图 2-9 所示。

（2）关键参数

4291 命令的基本参数为 DN、EN 和 SUBGRP。创建模拟用户时，必须同时给出 DN、EN 和 SUBGRP 三个参数。

① 用户号码 DN

S1240 交换机维护中用 DN 代表用户号码，在相关人机命令中，用户号码赋值只需本地号码，一般不带区号。如 DN=K'3211149，其中，K'表示十进制。

② 设备号码 EN

S1240 交换机维护中用 EN 代表设备号码，即用户对应交换机的硬件编号，它表示用户的物理连接情况，由 NA 和 TN 两部分组成。

```
CREATE ANALOG SUBSCR                                    SUCCESSFUL
---------------------------------------------------------------------
EN PHYS (LOG) / ENICONC        DN
---------------------------------------------    ----------------------
H'0        (H'78F0) & 1         283211000

OPERATOR INPUT :
----------------------------

SERVICES :

  SUBGRP    : 1

LAST REPORT            NO = 04263
```

图 2-9　创建模拟用户输出报告

用户模块网络地址 NA，比如 H'0001 等，其中，H'表示十六进制。

用户线终端编号 TN，由于 ASM 模块采用交叉互助方式工作，TN 将连续编号。偶模块 TN 为 1 至 128，奇模块 TN 为 129 至 256。

用户设备号码 EN 可赋值如 EN=H'0001&150，它表示该用户连接至 S1240 交换机中网络地址为 H'0001 的 ASM 模块的第 150 个终端。

实际维护中 DN 和 EN 可以任意配对。

③ 用户组号 SUBGRP

SUBGRP 用在计费分析中，通过 SUBGRP 查询用户源信息，可得到计费源索引。

（3）说明

① 用户创建成功后，用户摘机会听到拨号音。

② 使用 4291 命令创建新模拟用户时，也可输入用户信令 SUBSIG 或用户远端控制 SUBCTRL 等任选参数，用来定义用户话机类型或新业务等。例如：

```
<CREATE-ANALOG-SUBSCR: DN=K'3211000, EN=H'0&1, SUBGRP=1,
SUBSIG=CBSET;
```

该操作在创建模拟用户 3211000 时，同时定义该用户话机为兼容话机 CBSET，即用户拨号时可采用脉冲发号和音频发号两种发号方式。

2．修改用户数据、开放新业务

为用户开放国际长权及无条件呼叫前转、来电显示等新业务都可用 4294 命令来实现。4294 命令的功能是修改用户线的特性，如用户呼出权限、话机类型等，也能修改大部分的用户特服。这条命令所需的参数明了，在指明需要修改的基本参数 DN 外，需要修改哪一项就输入对应的参数，可以同时修改多项参数。如修改用户的话机类型，维护人员可输入参数用户信令 SUBSIG。用户缩位拨号新业务的管理采用单独的一套人机命令。

（1）MML 命令

```
<MODIFY-SUBSCR: DN=K'3211002, OCB=ADD&PERM&INT;
<MODIFY-SUBSCR: DN=K'3211003, SUBCTRL=ADD&FDCTO;
```

```
<MODIFY-SUBSCR: DN=K'3211003, SUBCTRL=ADD&DNDST;
<MODIFY-SUBSCR: DN=K'3211004, SUBCTRL=ADD&AC24HOUR;
<MODIFY-SUBSCR: DN=K'3211004, SUBCTRL=ADD&CFWDU;
<MODIFY-SUBSCR: DN=K'3211004, NBRIDFCD=ADD&CGLIP;
```

执行修改用户数据/4294 命令后，S1240 交换机输出的部分报告如图 2-10、图 2-11、图 2-12 所示。

```
MODIFY SUBSCR                                    SUCCESSFUL
-------------------------------------------------------------
EN PHYS (LOG) / ENICONC      DN
------------------------------------   ----------------
H'0      (H'78F0) & 3         283211002

OPERATOR INPUT :
--------------------------

SERVICES :

    OCB    :   ADD      PERM      INT

LAST REPORT          NO = 04263
```

图 2-10　开放国际长权输出报告

```
MODIFY SUBSCR                                    SUCCESSFUL
-------------------------------------------------------------
EN PHYS (LOG) / ENICONC      DN
------------------------------------   ----------------
H'0      (H'78F0) & 5         283211004

OPERATOR INPUT :
--------------------------

SERVICES :

SUBCTRL :   ADD      CFWDU

LAST REPORT          NO = 04263
```

图 2-11　开放无条件呼叫前转业务输出报告

```
MODIFY SUBSCR                                    SUCCESSFUL
------------------------------------------------------------------------
EN PHYS (LOG) / ENICONC      DN
------------------------------   -----------------
H'0    (H'78F0) & 5           283211004

OPERATOR INPUT :
----------------------------
SERVICES :


   NBRIDFCD  :   ADD          CGLIP


LAST REPORT          NO = 04263
```

图 2-12　开放来电显示业务输出报告

（2）关键参数

① 呼出阻塞 OCB

参数 OCB 指是否允许用户呼出，该参数可以定义和限制用户呼出的权限（如国内有权、紧急呼叫有权等）。命令中 OCB=ADD&PERM&INT 表示修改用户为永久性国际长途有权。

除了采用 4294 命令修改用户的呼叫权限外，也可在 4291 创建命令中直接指明用户的呼叫权限。例如：

```
<CREATE-ANALOG-SUBSCR: DN=K'3211002, EN=H'0&3, SUBGRP=1,
OCB=ADD&PERM&INT;
```

使用 4291 命令时，OCB 参数如果缺省，表示该用户的呼叫权限为本地网有权。

② 用户控制 SUBCTRL

参数 SUBCTRL 相当于每项新业务开放的钥匙，需要开放哪一项新业务，SUBCTRL 的变量就指明对应新业务。本任务中，SUBCTRL 变量赋值为 FDCTO、DNDST、AC24HOUR 和 CFWDU，分别代表热线服务、免打扰、闹钟服务以及无条件呼叫前转。

4294 命令利用参数 SUBCTRL 可同时开放多项新业务的权限，例如用户 D（3211003）申请开放热线服务和免打扰两项新业务，维护人员可输入命令：

```
<MODIFY-SUBSCR: DN=K'3211003, SUBCTRL=ADD&FDCTO&DNDST;
```

③ 被叫标识号码

参数 NBRIDFCD 的赋值 CGLIP 表示主叫用户线标识呈现。

（3）说明

大多数新业务的实现可采用远端控制和软件控制两种方法，它们的区别在于远端控制需要用户话机配合操作。

① 软件控制方式

软件控制方式实现热线服务，人机命令如下：

```
<MODIFY-SUBSCR: DN=K'3211003, FDC= FDCTO&K'3211007;
```

② 远端控制方式

远端控制方式实现新业务主要包含登记、使用和取消3个方面。登记是指用户申请某项新业务后，先由维护人员键入相应人机命令开放业务权限，然后由用户在自己的话机上进行业务设置。使用指用户有权使用新业务后，如何操作、激活该业务。取消指用户通过话机设置或通过维护人员使用人机命令取消该业务。通常用户登记或取消新业务后，交换机系统会送证实音或忙音（也可以是录音通知）表示接受或未接受登记或取消。

3. 拆机

用户拆机就是用户销户的过程，需使用删除用户/4295 命令。在删除用户数据时，一般要求首先用显示用户/4296 命令显示该用户的数据，获取该用户的设备号码，并检查用户是否具有缩位拨号 ABD 功能，如有 ABD 业务，应先删除 ABD 业务，再删除其他数据。

（1）MML 命令

```
<DISPLAY-SUBSCR: DN=K'3211005;

<DISPLAY-SUBSCR: DN=K'3211006;
```

执行显示用户命令后，S1240 交换机输出报告如图 2-13 所示。

```
DISPLAY SUBSCR                                            SUCCESSFUL
-----------------------------------------------------------------------
EN PHYS (LOG) / ENICONC      DN          A/I    MSN    GDN
---------------------        ----------  -----  -----  -----
H'0     (H'78F0) & 6         283211005    A

CHARGING METER :  965        0                   1938
SERVICES :

   SUBGRP   :  1
   SUBSIG   :  CBSET
   SUBCTRL  :  CFWDU
   ...

LAST REPORT            NO = 04263
```

图 2-13　显示用户数据输出报告

若用户有 ABD 功能，则需要先删除缩位拨号业务；若用户无 ABD 功能，则可以用4295 命令直接删除该用户的相关数据。

```
<REMOVE-SUBSCR: DN=K'3211005, EN=H'0&6;

<REMOVE-SUBSCR: DN=K'3211006, EN=H'0&7;
```

执行删除用户命令后，S1240 交换机输出报告如图 2-14 所示。

在删除报告中，列举了用户删除前的状态和当前实际状态。

（2）关键参数

① 4296 命令基本参数为 DN 或 EN，两参数任选其一，可输入以下命令：

```
<DISPLAY-SUBSCR: DN=K'3211005;

或<DISPLAY-SUBSCR: EN=H'0&6;
```

4296 命令除了可显示单个用户的数据外，还可显示多个用户的相关信息，此时需要给

出号码范围或给出多个 DN 或 EN。

例如，要显示 3211005 和 3211006 两个用户的数据，可输入以下命令：

```
<DISPLAY-SUBSCR: DN=K'3211005&K'3211006;
```

要显示 3211000～3211006 共 7 个用户的数据，可输入以下命令：

```
<DISPLAY-SUBSCR: DN=K'3211000&&K'3211006;
```

② 4295 命令的基本参数为 DN 和 EN，两参数必须同时输入。

```
REMOVE SUBSCR                                          SUCCESSFUL
                                          RESULT PART        1 +
-------------------------------------------------------------------
PREVIOUS STATUS :

EN PHYS (LOG) / ENICONC     DN          A/I   MSN   GDN
------------------------   ----------   ----- ------- -------------
H'0      (H'78F0) & 7        283211006   A


CHARGING METER :   965          0              1938

SERVICES :

  SUBGRP   :  1
  SUBSIG   :  CBSET
  SUBCTRL  :  DNDST
  COL      :  ORDINARY
...
REMOVE SUBSCR                                          SUCCESSFUL
                                          FINAL RESULT       2 −
-------------------------------------------------------------------
ACTUAL STATUS :

EN PHYS (LOG) / ENICONC     DN          A/I   MSN   GDN
------------------------   ----------   ----- ------- -------------
    (        ) &             283211006   A


LAST REPORT            NO = 04263
```

图 2-14　删除用户数据输出报告

（3）说明

① 用户数据删除成功后，再摘机无拨号音。删除用户数据时，交换机将自动保存用户相关的计费数据。

② 另外，在 4295 命令中使用参数 FSEIZE 可强行删除处于 BUSY（忙/通话）状态的用户，相应人机命令如下：

```
<REMOVE-SUBSCR: DN=K'3211005, EN=H'0&6, FSEIZE ;
```

（三）数据调测

（1）使用 157（DISPLAY-LINE-STATUS）命令显示装、拆机用户的用户线状态，若用户线处于 NOTASS 状态，则该用户已拆机；若用户线处于非 NOTASS 状态，则该用户已装机。

（2）使用 4296（DISPLAY-SUBSC）命令显示用户数据，可在维护报告中获知该用户的呼叫权限以及新业务权限等，用户可在话机上验证使用。

📖 任务总结

1．程控交换机的运行软件由系统程序、应用程序和数据组成。

2．程序按实时性要求分成故障级、周期级和基本级 3 种执行级别。故障级程序由故障中断启动，周期级程序用时间表来控制执行，基本级程序用队列来控制启动。

3．程控交换机可以控制本局呼叫、出局呼叫、入局呼叫和转接呼叫 4 种呼叫类型。

4．一次成功的本局呼叫，其呼叫接续的处理过程分为用户呼出、数字接收及分析、通话建立、通话和呼叫释放 5 个阶段。

5．程控交换机呼叫处理的基本过程包括输入处理、分析处理、内部任务执行和输出处理。

6．大多数 PSTN 补充业务的实现可采用远端控制和软件控制两种方法。

习题

一、选择题

1．汇接局一般只具备（　　　）呼叫的功能。

    A．本局　　　　　　B．出局　　　　　　C．入局　　　　　　D．转接

2．程控交换机以下数据中，不能用人机命令修改的是（　　　）。

    A．静态数据　　　　B．动态数据　　　　C．局数据　　　　　D．用户数据

3．用户摘/挂机识别程序属于（　　　）程序。

    A．故障级　　　　　B．周期级　　　　　C．基本级

二、填空题

1．按照实时性要求，程序的执行级别可分为故障级、_____ 和 _____，其中用时间表控制的是 _____，用队列启动的是 _____。

2．S1240 J 型交换机中为用户提供振铃电流的是 _____。

3．程控交换机的运行软件由 _____、_____ 和 _____ 组成。

三、简答题

1．简述一次成功的本局呼叫处理过程。

2．简述程序调用的基本原则。

任务 3   S1240 交换机 7 号信令数据配置

S1240 交换机 7 号信令数据配置是 S1240 交换系统调试的重要内容，通过此任务的学习，学生可以了解 7 号信令的功能结构、信令单元格式、7 号信令网结构，掌握如何完成 7 号信令中继数据的配置。

📖 任务目的

1. 掌握 7 号信令的功能级结构；
2. 掌握 7 号信令单元的格式；
3. 掌握我国 7 号信令网结构；
4. 能够根据数据规划，完成 7 号信令中继数据的配置。

📖 任务资讯

3.1 信令的基本概念和分类

3.1.1 信令的基本概念

信令系统是通信网的重要组成部分。建立通信网的目的是为用户传递包括话音信息和非话音信息在内的各种信息，为了做到这一点，就必须使通信网中的各种设备协调动作，因此各设备之间必须相互交流"信息"，以说明各自的运行情况，提出对相关设备的接续要求，从而使各设备之间协调运行。这些控制信号就称为信令。

一个用户在通过用户设备、交换设备和传输设备与另一用户通信的过程中，要用到许多信令，图 3-1 所示为电话网中呼叫过程所需要的信令。

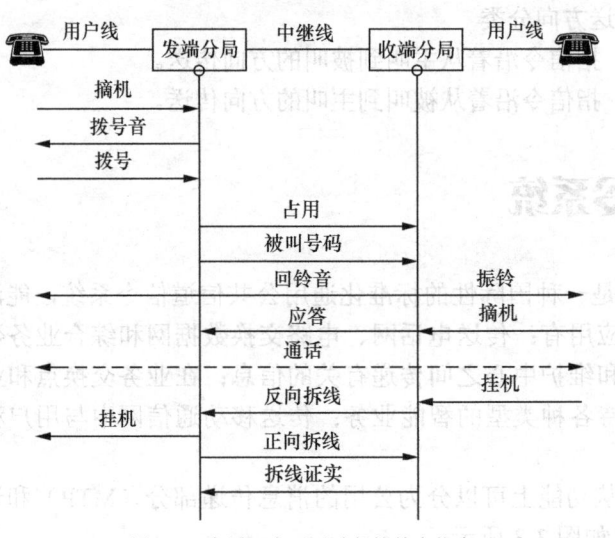

图 3-1   电话网中呼叫过程的基本信令

3.1.2 信令的分类

信令的分类方法很多，常用的分类有以下几种。

1．按照信令的传送区域分类

（1）用户线信令：它是用户和交换局之间传送使用的信令，主要包括用户状态信令、选择信令、铃流和信号音。

（2）局间信令：它是交换机和交换机之间传送使用的信令，在局间中继线上传送。

2．按照信令传送通路与话路之间的关系分类

（1）随路信令：是指用传送话路的通路来传送与该话路有关的各种信令，或传送信令的通路与话路之间有固定的对应关系，如中国1号信令系统。

（2）公共信道信令：是指传送信令的通道和传送话音的通道在逻辑上或物理上是完全分开的，有单独用来传送信令的通道，如图3-2所示。在公共信道信令方式下，一条双向的信令通道上可传送上千条电路的信令消息，如No.7信令系统。

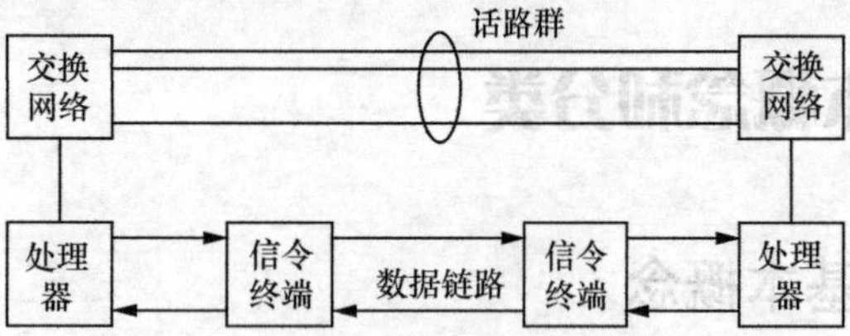

图3-2 公共信道信令

3．按信令功能分类

（1）线路信令：又称为监视信令，用来检测或改变中继线的呼叫状态和条件，以控制接续的进行。

（2）记发器信令：又称为选择信令，主要用来传送被叫（或主叫）的电话号码，供交换机选择路由、选择被叫用户。

4．按信令的传送方向分类

（1）前向信令：指信令沿着从主叫到被叫的方向传送。

（2）后向信令：指信令沿着从被叫到主叫的方向传送。

3.2　7号信令系统

No.7信令系统是一种国际性的标准化通用公共信道信令系统，能满足多种通信业务的要求，当前的主要应用有：传送电话网、电路交换数据网和综合业务数字网的局间信令；在各种运行、管理和维护中心之间传递有关的信息；在业务交换点和业务控制点之间传送各种数据信息，支持各种类型的智能业务；传送移动通信网中与用户移动有关的各种控制信息。

No.7信令系统从功能上可以分为公用的消息传递部分（MTP）和适合不同用户的独立的用户部分（UP），如图3-3所示。

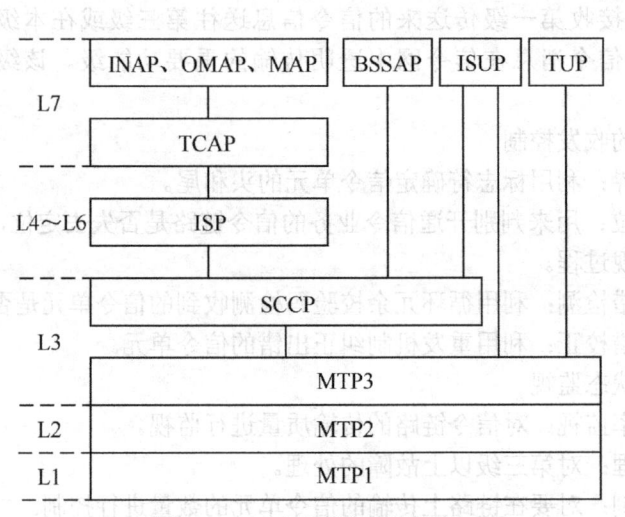

图 3-3　No.7 信令系统功能结构图

消息传递部分 MTP 的功能是作为一个公共传递系统，在相对应的两个用户部分之间可靠地传递信令消息。MTP 进一步可分为信令数据链路级、信令链路功能级和信令网功能级。

用户部分 UP 构成 No.7 信令系统的第四级，其功能是处理信令消息。用户部分是使用消息传递部分传送能力的功能实体。目前 CCITT 建议使用的用户部分主要包括电话用户部分（TUP）、数据用户部分（DUP）、综合业务数字网用户部分（ISUP）、信令连接控制部分（SCCP）、移动应用部分（MAP）、事务处理能力应用部分（TCAP）、操作维护应用部分（OMAP）等。

3.2.1　消息传递部分 MTP

消息传递部分的功能是在信令网中提供可靠的信令消息传递，将用户发送的消息传送到用户指定的目的地信令点的指定用户部分，在系统或信令网故障情况下，采取必要措施以便恢复信令消息的正常传送。

1. 信令数据链路级

该级定义信令数据链路的物理、电气和功能特性，确定与数据链路连接的方法。第一级的物理组件是信令链路中信令消息的载体。一条信令数据链路由采用同一数据传输速率在相反方向工作的两个数据通路组成，完全符合 OSI 物理层的定义和要求。

信令数据链路可以是数字的，也可以是模拟的。数字传输通路通常采用 64 kbit/s 的速率，可以从多路复用码流中提取，其帧结构与 PCM 的帧结构相同；模拟信令数据链路由模拟音频传输通路和调制解调器组成，通常采用 4.8 kbit/s 的速率。

2. 信令链路功能级

信令链路功能级规定了为在两个直接连接的信令点之间传送信令消息提供可靠的信令链路所需要的功能，相当于 OSI 的第二层，即数据链路层。

通过信令链路功能级，将第三级传送来的信令消息（这些消息可能是由第四级产生的，也可能是第三级本身产生或转发的）及本级产生的信令链路状态信息送往信令数据

链路传送出去；或接收第一级传送来的信令信息送往第三级或在本级处理。因此，信令链路功能级是保证信令消息在信令网中透明传输的重要功能级。该级的主要功能包括以下内容。

（1）信令单元的收发控制

信令单元的分界：利用标志符确定信令单元的头和尾。

信令单元的定位：用来判别开通信令业务的信令链路是否失去定位，如失去定位将转入信令单元差错率监视过程。

信令单元的差错检测：利用循环冗余校验码检测收到的信令单元是否出错。

信令单元的差错校正：利用重发机制纠正出错的信令单元。

（2）信令链路状态监视

信令单元差错率监视：对信令链路的传输质量进行监视。

处理机故障处理：对第三级以上故障的处理。

第二级流量控制：对要在链路上传输的信令单元的数量进行控制。

（3）信令链路的启用和恢复

初始定位：链路从未激活转为激活。

3．信令网功能级

信令网功能级为信令网的信令节点之间消息传递提供所需的功能和程序，在信令链路和/或信令转接点故障情况下保证信令消息的可靠传递。信令网功能级包括信令消息处理和信令网管理两部分。

（1）信令消息处理

信令消息处理的主要功能是保证将一个信令点的用户部分发送的信令消息传递到由这个用户部分指明的目的地的相同用户部分。它进一步分为消息路由（或消息编路）、消息识别和消息分配 3 种功能，如图 3-4 所示。

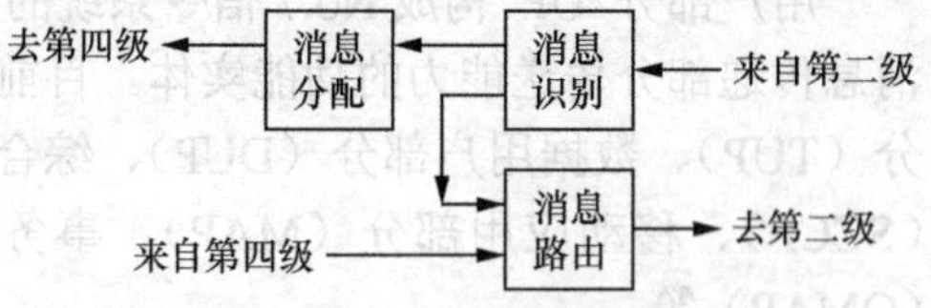

图 3-4　信令消息处理

消息路由也叫消息编路，为待发的信令消息选择消息路由、信令链路组和信令链路。

消息识别功能用来识别信令消息的目的地以决定信令消息的去向，它是通过分析信令消息路由标记中的目的信令点编码（DPC）来实现的。

消息分配功能把信令消息分配给本信令点的相应用户部分。由于信令点的 MTP 部分可能要为多个用户服务，因此决定信令消息分配给哪一个用户部分主要依靠分析信令消息业务信息八位位组 SIO 中的业务指示语（SI）来实现。

（2）信令网管理

信令网管理功能提供信令网在故障时的重新组织及结构能力。信令网管理功能划分为信令业务管理、信令链路管理和信令路由管理 3 部分。

信令业务管理：将信令业务从一条链路或路由转移到一条或多条不同的链路或路由，再启动一个 SP 或在 SP 拥塞情况下减慢信令业务。

信令链路管理：恢复故障的信令链路，接通空闲链路和断开链路。

信令路由管理：分配关于信令网状态的信息。

3.2.2   用户部分 UP

1．电话用户部分

电话用户部分（TUP）是 No.7 信令方式第四功能级中最先得到应用的用户部分。TUP主要规定了有关电话呼叫建立和释放的信令程序，以及实现这些程序的消息和消息编码，并能支持部分用户补充业务。

2．综合业务数字网用户部分

ISDN 用户部分（ISUP）是在 TUP 的基础上扩展而成的。ISUP 提供综合业务数字网中需要的信令功能，以支持基本的承载业务和附加承载业务。

3．信令连接控制部分

为了满足新的用户部分（例如智能网应用和移动应用）对消息传递的进一步要求，CCITT 补充了信令连接控制部分（SCCP）来弥补 MTP 在网络层功能的不足。SCCP 提供了较强的路由和寻址功能，叠加在 MTP 上，与 MTP 中的第三级共同完成 OSI 模型中网络层的功能。至于那些满足于 MTP 服务的用户部分（例如 TUP），则可以不经 SCCP 直接与 MTP 第三级通信。SCCP 通过提供全局码翻译增强了 MTP 的寻址选路功能，从而使 No.7 信令系统能在全球范围内传送与电路无关的端到端消息，同时 SCCP 还为 No.7 信令系统提供了面向连接的消息传送方式。

4．事务处理能力应用部分

事务处理能力应用部分（TCAP）是在无连接环境下提供的一种方法，以供智能网应用、移动应用和操作维护应用在一个节点调用另一个节点的程序，同时执行该程序并将执行结果返回调用节点。

TCAP 包括执行远端操作的规约和业务，TCAP 本身又分为成份子层和事务处理子层两部分。成份子层完成 TC 用户之间对远端操作的请求及响应数据的传送，事务处理子层用来处理包括成份在内的消息交换，为其用户提供端到端的连接。

目前已知的 TC 用户主要有智能网应用部分（Intelligent Network Application Part，INAP）、移动应用部分（Mobile Application Part，MAP）、操作维护应用部分（Operation and Maintenance Application Part，OMAP）。

5．智能网应用部分

智能网应用部分（INAP）用来在智能网各功能实体之间传送有关的信息流，以便各功能实体协同完成智能业务。原邮电部制定的《智能网应用规程》主要规定了业务交换点 SSP和业务控制点 SCP 之间，SCP 和智能外设 IP 之间的接口规范。在 INAP 中，将各功能实体之间交换的信息流抽象为操作或对操作的响应。在原邮电部颁布的 INAP 规程中，根据开放业务的需要，共定义了 35 种操作。

6．移动应用部分

移动应用部分（MAP）的主要功能是在数字移动通信系统中的移动交换中心 MSC、归属位置寄存器 HLR 和拜访位置寄存器 VLR 等功能实体之间交换与电路无关的数据和指令，从而支持移动用户漫游、频道切换和用户鉴权等网络功能。

3.3　7号信令单元

No.7 信令方式采用不等长信令单元分组的形式传送各种信令信息。为适应信令网中各种信令信息的传送要求，No.7 信令方式规定了 3 种基本的信令单元格式，它们是消息信令单元（MSU）、链路状态信令单元（LSSU）和填充信令单元（FISU）。

（1）消息信令单元：用于传送各用户部分的消息、信令网管理消息以及信令网测试和维护消息。

（2）链路状态信令单元：用于提供信令链路状态信息，以便完成信令链路的接通、恢复等控制。

（3）填充信令单元：当信令链路上没有消息信令单元或链路状态信令单元传递时发送，用以维持信令链路正常工作、起填充作用的信令单元。

各信令单元的基本格式如图 3-5 所示。

由图 3-5 可见，每种信令单元都有 7 个字节的相同字段。

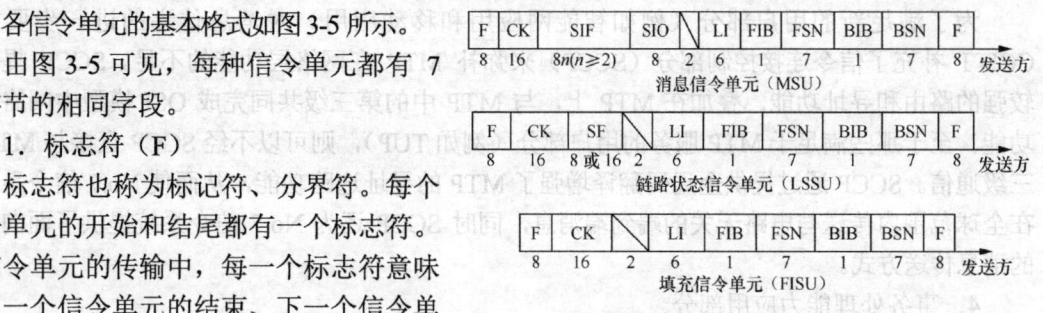

图 3-5　7 号信令单元格式

1．标志符（F）

标志符也称为标记符、分界符。每个信令单元的开始和结尾都有一个标志符。在信令单元的传输中，每一个标志符意味着上一个信令单元的结束、下一个信令单元的开始。因此，在信令单元的分界识别中，找到了信息流中的开始和结尾标志符，就界定了一个信令单元。标志符规定为 8 位二进制代码 01111110。

2．前向序号（FSN）

前向序号表示被传递的消息信令单元的序号，长度为 7 个比特。在发送端，每个传送的消息信令单元都分配一个前向序号（FSN），并按 0～127 顺序连续循环编号。在接收端，接收到的消息信令单元，其中的前向序号用于检测消息信令单元的顺序，并作为证实功能的一部分。在需要重发时，也用它来识别需重发的信令单元。

3．前向指示语比特（FIB）

前向指示语占用一个比特，在消息信令单元的重发程序中使用。在无差错工作期间，它与收到的后向指示语比特具有相同的状态。当收到的后向指示语比特（BIB）数值变换时，说明对端请求重发。信令终端在重发消息信令单元时，也将改变前向指示语比特的数值（由"1"变为"0"或由"0"变为"1"），与后向指示语比特保持一致，直到收到再次重发的请求。

4．后向序号（BSN）

后向序号表示被证实的消息信令单元的序号，它是接收端向发送端回送的被证实（已正确接收的）消息信令单元的序号。当请求重发时，BSN 指出开始重发的消息信令单元的序号。

5．后向指示语比特（BIB）

后向指示语比特用于对收到的错误信令单元提供重发请求。如果收到的消息信令单元正确，则在发送新的信令单元时其值保持不变；如果收到的消息信令单元错误，则该比特反转（即由"0"变为"1"或由"1"变为"0"）发送，要求对端重发有错误的消息信令单元。

以上 FSN、FIB、BSN 和 BIB 相互配合，一起用于差错校正。

6．长度指示语（LI）

长度指示语用来指示位于长度指示语八位位组之后和校验位（CK）之前的八位位组数目，以区别 3 种信令单元。长度指示语为 6 bit，用二进制码表示 0～63（十进制）。

3 种信令单元的长度指示语分别为：

长度指示语 LI＝0　　　　　　填充信令单元

长度指示语 LI＝1 或 2　　　　链路状态信令单元

长度指示语 LI>2　　　　　　消息信令单元

在国内信令网中，当消息信令单元中的信令信息字段多于 62 个八位位组时，长度指示语一律取 63。但当 LI＝63 时，其指示的最大长度不得超过 272 个八位位组。

7．校验位（CK）

校验位用于信令单元差错检测，由 16 个比特组成。

以上 7 个字段是每种信令单元必备的，由发送端 MTP2 生成，接收端 MTP2 处理。

8．状态字段（SF）

状态字段是链路状态信令单元（LSSU）中特有的字段，用来表示信令链路的状态。SF 字段的长度可以是一个或两个八位位组。

信令链路的状态通常包括失去定位 SIO、正常定位 SIN、紧急定位 SIE、业务中断 SIOS、处理机故障 SIPO、链路拥塞 SIB 等。

9．业务信息八位位组（SIO）

业务信息八位位组字段是消息信令单元（MSU）特有的字段，由业务指示语（SI）和子业务字段（SSF）两部分组成。该字段长 8 bit，业务指示语和子业务字段各占 4 bit。

业务指示语（SI）用来指示所传送的消息属于哪一个指定的用户部分。在信令网的消息传递部分，信令消息处理功能将根据 SI 指示，把消息分配给某一指定的用户部分。

子业务字段（SSF）由 4 bit 构成，其中高两位为网络指示语，低两位目前备用。网络指示语用来区分所传递的信令消息的网络性质，即属于国际信令网还是国内信令网。

10．信令信息字段（SIF）

信令信息字段是消息信令单元（MSU）特有的字段，由消息寻址的标记、用户信令信息的标题、用户信令信息 3 个部分组成。

（1）标记

标记指示出源信令点和目的信令点的编码，可用于电路标识或路由选择。

（2）标题

标题是紧接着标记后的一个字段，由 H1 和 H0 两部分组成，各占 4 bit，用以指示消息的分群和类别。

（3）信令信息

信令信息部分也称为业务信息部分，可分为几个子字段。这些子字段可以是必备的或是任选的，可以是固定长或是可变长，以便满足各种功能及扩充的需要。这也使得消息信令单元具有适用于不同用户消息的特点，并使多种用户消息在公共信道上传送成为可能。

3.4　ISDN 用户部分

No.7 信令系统中，TUP 是专门针对电话业务的，而 ISUP 可以为 ISDN 中话音和非话音

用途的基本承载业务和补充业务提供所需的信令功能。ISUP 适用于数模混合网、电话网和电路交换的数据网。ISUP 在 TUP 基础上，增加了非话音承载业务和补充业务的控制协议。它也是利用 MTP 提供的服务在交换局之间传递信息，支持 ISUP 和 TUP 的 MTP 部分完全相同，不需要另外创建。

1. ISUP 消息格式

ISUP 消息采用 MSU 信令单元格式，其中 SIO 中的 SI =0101。与 TUP 消息一样，ISUP 消息也在 SIF 字段中传送，但 ISUP 消息的 SIF 与 TUP 不同，它采用八位位组的堆栈形式出现，包括公共部分和专用部分，如图 3-6 所示。

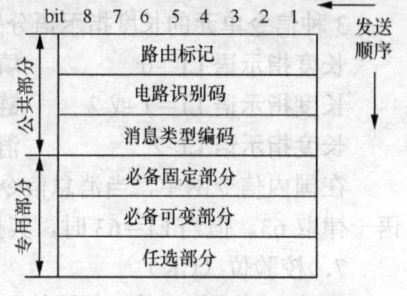

图 3-6 ISUP 消息的 SIF 字段

其中路由标记、电路识别码、消息类型编码为公共部分；每种消息的专用部分由若干个参数组成，每个参数有一个名字，按单个八位位组编码。参数的长度可以是固定的，也可以是可变的。路由标记由 DPC、OPC 和 SLS 三部分组成。

ISUP 消息的主要特点是信号种类齐全，携带的信息量相当丰富，不仅可以传送与呼叫接续控制有关的信令信息，而且能够任选参数，支持基本业务和补充业务。

2. ISUP 信令流程

ISUP 信令流程与 TUP 信令流程类似，ISDN 电路交换呼叫建立的信令过程如图 3-7 所示。

发端交换机经分析判断是出局呼叫，随即将被叫号码和有关信息组装成初始地址消息（IAM）发往收端交换局。收端交换机收到 IAM 消息后，向发端交换机送地址全消息（ACM），表明地址信息接收完毕。被叫用户应答后，收端交换机又回送应答消息（ANM），至此主叫至被叫的通路已经接通，双方进入通话状态。

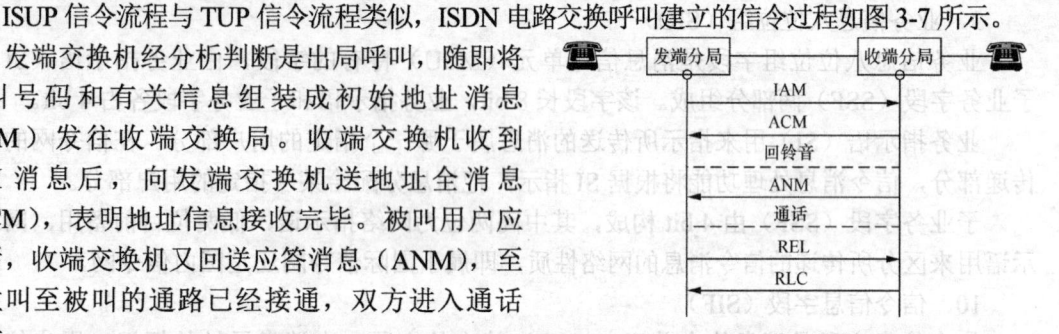

图 3-7 ISUP 信令基本呼叫流程

ISUP 信令呼叫采用互不控制通话复原方式，任意一方发出释放消息（REL），话路立即拆除，收到对方发来的释放完成消息（RLC）以后，接续电路就可以释放而用于其他呼叫。可以看出，ISUP 的整个释放过程是十分迅速的。

3.5 我国 7 号信令网

在采用 No.7 信令方式的电话网中，信令消息是在与话路分离的数据通道中传送的。通常我们把按照 No.7 信令方式传送信令消息的网络称为 No.7 信令网。

3.5.1 信令网基本组成部件

No.7 信令网本质上是一个专用于传送 No.7 信令消息的数据网，是具有多种功能的业务支撑网。它由信令点、信令转接点以及连接它们的信令链路组成。

1. 信令点（SP）

SP 是处理控制消息的节点，产生消息的信令点为该消息的起源点，消息到达的信令点

为该消息的目的地节点。任意两个信令点，如果它们的对应用户（例如电话用户）之间有直接通信，就称这两个信令点之间存在信令关系。

2．信令转接点（STP）

STP 具有信令转发功能，可将信令消息从一条信令链路转发到另一条信令链路。信令转接点分为综合型和独立型两种。综合型 STP 是除了具有消息传递部分 MTP 和信令连接控制部分 SCCP 的功能外，还具有用户部分功能（例如 TUP、ISUP、TCAP、INAP）的信令转接点；独立型 STP 是只具有 MTP 和 SCCP 功能的信令转接点。

3．信令链路

信令链路是在两个相邻信令点之间传送信令消息的链路。

（1）信令链路组：直接连接两个信令点的一束信令链路构成一个信令链路组。

（2）信令路由：承载指定业务到某特定目的地信令点的链路组。

（3）信令路由组：承载业务到某特定目的地信令点的全部信令路由。

3.5.2　No.7 信令工作方式

No.7 信令网所说的工作方式，是指信令消息所取的通路与消息所属的信令关系之间的对应关系。

1．直联工作方式

两个信令点之间的信令消息，通过直接连接两个信令点的信令链路传递，称为直联工作方式。

2．准直联工作方式

属于某个信令关系的消息，经过两个或多个串接的信令链路传送，中间要经过一个或多个信令转接点，但传送消息的通路在一定时间内是预先确定而且固定的，称为准直联工作方式。

3.5.3　我国 No.7 信令网结构

我国 No.7 信令网由高级信令转接点（HSTP）、低级信令转接点（LSTP）和信令点（SP）三级组成，其结构如图 3-8 所示。第一级 HSTP 采用 A、B 两个平面，在 A、B 平面内，各 HSTP 以网状网相连；在 A、B 平面间，成对的 HSTP 相连。第二级 LSTP 至少要连至 A、B 平面内成对的 HSTP，每个 SP 至少要连至两个 STP。

（1）HSTP 负责转接它所汇接的 LSTP 和 SP 的信令消息。HSTP 应采用独立型信令转接点设备，它必须具有 No.7 信令系统中消息传送部分（MTP）、信令连接控制部分（SCCP）、事务处理能力应用部分（TCAP）和操作维护应用部分（OMAP）的功能。

（2）LSTP 负责转接它所汇接的信令点 SP 的信令消息。LSTP 可以采用独立型信令转接设备，也可以采用与交换局（SP）合设在一起的综合型信令转接点设备。采用独立型信令转接点设备时的要求与 HSTP 相同；采用综合型信令转接点设备时，除了必须满足独立型信令转接点设备的功能外，还应满足用户部分的有关功能。

（3）SP 是信令网中传送各种信令消息的源点和目的地点，应满足 MTP 功能和相应的用户部分功能。

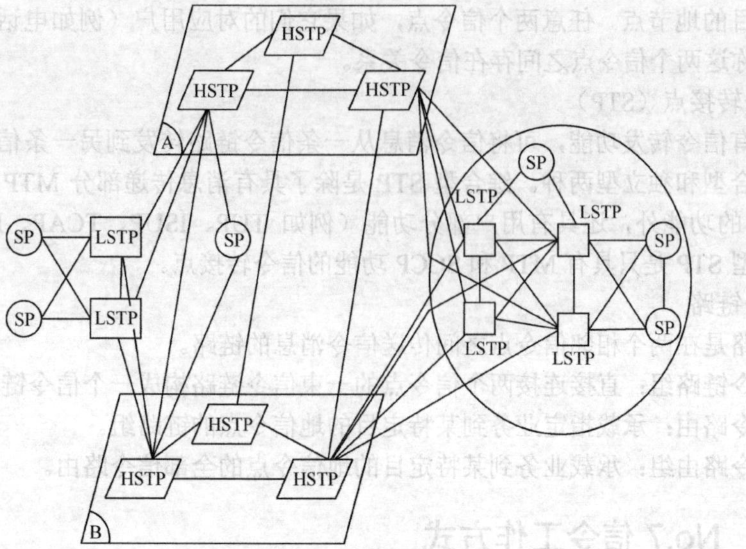

图 3-8　我国 No.7 信令网结构

3.5.4　信令点编码

国际信令网和各国的国内信令网是独立的，采用不同的信令点编码方案。

国际信令网中信令点编码的位长为 14 位二进制数，由世界大区编号、区域网编码和信令点编码 3 部分组成，如图 3-9 所示。

我国国内信令网采用的是 24 位二进制数的全国统一编码计划，每个信令点编码由主信令区编码、分信令区编码及信令点编码 3 部分组成，每个部分各占 8bit，如图 3-10 所示。

大区识别	区域网识别	信令点识别
3	8	3

图 3-9　国际信令点编码结构

主信令区	分信令区	信令点识别
8	8	8

图 3-10　国内信令点编码结构

3.6　S1240 交换机 7 号信令中继数据配置相关知识

3.6.1　S1240 交换机的 No.7 信令系统结构

S1240 交换机的 No.7 信令系统由 No.7 信令终端模块（IPTMN7、HCCM、CCSM）、No.7 信令的辅助控制单元（SACEN7）和应用模块（如 DTM）3 部分组成。

No.7 信令终端模块主要完成 MTP 第 1 级信令数据链路功能，第 2 级信令链路功能和第 3 级信令消息处理功能。目前主要使用 HCCM 和 IPTMN7 两种类型的信令终端模块。

1. HCCM

HCCM 模块只具有 No.7 信令功能，由 1 块 MCUA 板和最多 8 块 SLTA 板（信令链路终端板）组成。它为 No.7 信令链路提供信令终端，每块 SLTA 板处理一条 No.7 信令链路，独

立完成消息处理过程。每个 HCCM 可以提供 8 条信令链路，主要用于 STP（信令转接点）。

2．IPTMN7

IPTMN7 模块同时具有 No.7 信令功能和中继功能，能提供 4 条信令链路和 31 条话路。IPTM 由 1 块 MCUB 板和 1 块 DTRI 板（数字中继板）组成。No.7 信令链路可发送本身所在 PCM 系统以及其他 PCM 系统所有话路的信令消息。IPTMN7 主要用于 SP（信令点）。

No.7 信令的辅助控制单元 SACEN7 模块的软件实现信令网管理功能。

应用模块装载对应的应用软件包实现用户功能，如 TUP 和 ISUP 主要由 DTM 和 SCALSVL/T 中的软件实现。

3.6.2　No.7 信令的操作维护

1．No.7 信令的 MTP 管理

No.7 信令的 MTP 管理涉及 No.7 信令系统参数、No.7 信令点（目的地交换机）、信令链路集、信令路由（集）、信令链路的状态管理等，相关人机命令如表 3-1 所示。

表 3-1　　　　　　　　　　　MTP 管理人机命令

命　令　号	命　令　助记符	命　令　功　能
234	MODIFY-N7PARM	修改系统相关的 No.7 参数
235	DISPLAY-N7PARM	显示系统相关的 No.7 参数
223	CREATE-N7EXCH	创建目的地交换机数据
224	REMOVE-N7EXCH	删除目的地交换机数据
225	MODIFY-N7EXCH	增加、修改和删除目的地信令点编码
5334	DISPLAY-N7RTNG-TARGET	显示目的地交换机数据
5374	CHANGE-N7LKSET-STATUS	修改信令链路集的状态
5375	CREATE-N7-LKSET	创建 No.7 信令链路集
5376	REMOVE-N7-LKSET	删除 No.7 信令链路集
5377	EXTEND-N7-LKSET	对信令链路集增加信令链路
5378	REDUCE-N7-LKSET	对信令链路集减少信令链路
5379	DISPLAY-N7-LKSET	显示 No.7 信令链路集
245	CREATE-N7RTES	创建 No.7 信令路由集
246	REMOVE-N7RTES	删除 No.7 信令路由集
247	EXTEND-N7RTES	增加 No.7 信令路由集中的路由
248	REDUCE-N7RTES	减少 No.7 信令路由集中的路由
249	MODIFY-N7RTES	修改 No.7 信令路由集
250	DISPLAY-N7RTES	显示 No.7 信令路由数据

2．No.7 信令的 TUP/ISUP 管理

S1240 交换机的 No.7 信令系统 TUP/ISUP 管理可分为：

（1）ISUP 中继群参数的修改和显示；

（2）TUP 中继群参数的修改和显示；

（3）TUP/ISUP 中继资源管理的人机命令。

一个局向的中继群是采用 TUP 还是 ISUP 信令，取决于局向创建过程中所用的中继资源管理人机命令。

3.6.3 路由管理基本概念

在 S1240 系统中，交换机对呼叫的处理一般分为本局呼叫、出局呼叫、特服呼叫、录音通知等。字冠分析软件 PATED 经过字冠分析和任务定义以后，如果是出局呼叫，系统将寻找出局路由块（Routing Block）、子路由块（Subrouting Block）、分配组（Distribution Group）、复合中继群列表（Trunkgroup Combination List）、复合中继群（Trunkgroup Combination）、中继群（Trunkgroup）、中继线（Trunk），其结构关系如图 3-11 所示。

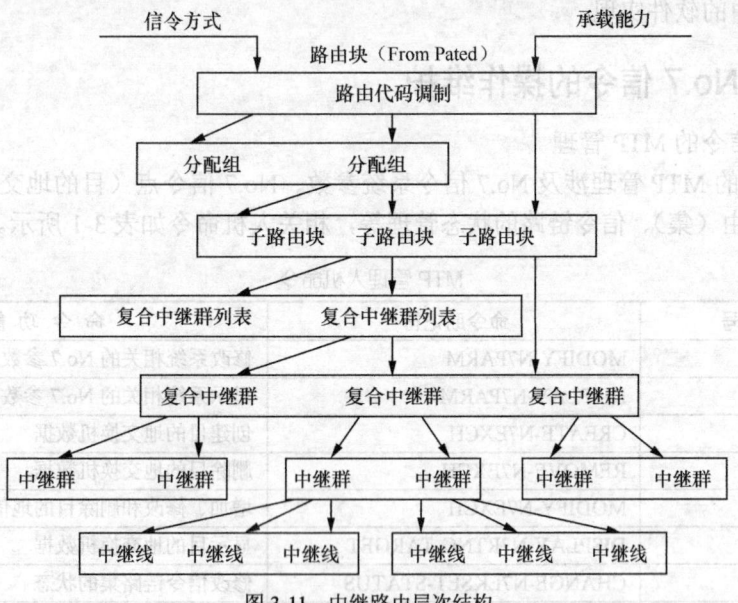

图 3-11　中继路由层次结构

中继线是两个交换机之间的 PCM 连线，它依赖于中继群、复合中继群、复合中继群列表、分配组、子路由块、路由块、信令方式（Signal Type）和承载能力（Bearcapability）。

中继群是指具有相同特性的中继线的总和。

路由是指连接两个直达交换局的所有中继群的总和。一个路由中可以包含入局中继群、出局中继群、双向中继群，路由是没有方向性的。

复合中继群是从话务分配的角度，把若干 OTG TKG 和/或 BW TKG 放在一个集合中，使得话务量可以按照预定的方式在属于该集合的中继群中分配，分配方式主要有 CYCLIC 和 SEQTL 两种。

复合中继群列表是从话务分配的角度，把若干 TKGCOM 放在一个集合中，使得 Traffic 可以在这些 TKGCOM 之间按照预定的 CYCLIC、SEQTL、LOADSHARING 方式进行分配。

子路由块是能够支持某一种 BC 和 SIGTYPE 的 TKGCOML 和/或 TKGCOM 的集合，在这样一个集合中，Traffic 可以在不同的 TKGCOML 和/或 TKGCOM 之间按照 CYCLIC、SEQTL、LOADSHARING 方式进行分配。

分配组是从话务分配的角度，把若干 SRTGBLK 放入一个集合，使得 Traffic 可以在这样一些 SRTGBLK 之间按照预定的 CYCLIC、SEQTL、LOADSHARING 方式进行分配。

路由块是指能够到达某一个目的地（Destination）的所有 DISTGRP 和 SRTGBLK 的集合，它要受到 BC（承载能力）和 SIGTYPE（信令类型）的调制。

3.6.4 路由管理相关人机命令

路由管理包括路由块的控制、子路由块的处理、复合中继群列表的处理、复合中继群的处理、路由的处理和中继群的处理，相关人机命令如表3-2所示。

表 3-2 路由管理相关人机命令

命 令 号	命令助记符	命 令 功 能
5791	CREATE-RTGBLK	创建路由块
5792	MODIFY-RTGBLK	修改路由块
5793	REMOVE-RTGBLK	删除路由块
5794	DISPLAY-RTGBLK	显示路由块
5799	CREATE-SRTGBLK	创建子路由块
5800	MODIFY-SRTGBLK	修改子路由块
5801	REMOVE-SRTGBLK	删除子路由块
5802	DISPLAY-SRTGBLK	显示子路由块
5803	CREATE-TKGCOML	创建复合中继群列表
5804	MODIFY-TKGCOML	修改复合中继群列表
5805	REMOVE-TKGCOML	删除复合中继群列表
5806	DISPLAY-TKGCOML	显示复合中继群列表
5807	CREATE-TKGCOM	创建复合中继群
5808	MODIFY-TKGCOM	修改复合中继群
5809	REMOVE-TKGCOM	删除复合中继群
5810	DISPLAY-TKGCOM	显示复合中继群
113	CREATE – ROUTE	创建路由
114	MODIFY – ROUTE	修改路由
115	REMOVE – ROUTE	删除路由
116	DISPLAY – ROUTE	显示路由
1557	CREATE – TKG	创建中继群
1558	MODIFY – TKG	修改中继群
1559	REMOVE – TKG	删除中继群
1560	DISPLAY – TKG	显示中继群
1561	EXTEND-TKG	扩充中继群

📖任务实施

一、任务描述

某电信分公司下属321分局为7号信令局，需要创建连至322分局的ISUP新局向，要求完成7号信令中继数据配置。

二、任务分析

本任务要求创建ISUP新局向，首先需要创建MTP部分的数据，再创建ISUP部分的数据，最后将已创建的ISUP路由块与出局字冠联系起来。

（1）创建 MTP 部分的数据，过程如下。

创建 No.7 新局向目的地交换机：CREATE-N7EXCH；

创建 No.7 局向的信令链路集：CREATE-N7-LKSET；

在 No.7 信令链路集中加 No.7 信令链路：EXTEND-N7-LKSET；

创建 No.7 信令路由集：CREATE-N7RTES；

激活已创建的 No.7 信令链路：CHANGE-N7LINK-STATUS。

（2）创建 ISUP 部分的数据，过程如下。

创建中继路由：CREATE-ROUTE；

创建中继群：CREATE-TKG；

在中继群中加入中继线：EXTEND-TKG；

创建复合中继群：CREATE-TKGCOM；

创建子路由块：CREATE-SRTGBLK；

创建路由块：CREATE-RTGBLK。

（3）创建字冠部分的数据，过程如下。

创建 DESTACC 指向刚建立的路由块：MODIFY-ROUTING-TASK；

修改字冠任务指针（联系电话号码字冠）：MODIFY-PREFIX-DEST。

三、实践操作

（一）数据规划

在进行数据配置前，维护人员应按表 3-3 所示做好信息收集和数据规划。

表 3-3　　　　　　　　　　7 号信令中继数据配置的数据规划

序　号	数 据 规 划	说　明
1	信令链路（SLC=1）	本局 PCM1 的 CH16（TS16）即 IPTMN7（H'202&16）连接至 IPTMN7（H'202）的信令终端（TN=3）
2	出局字冠	K'322
3	中继话路	本局 PCM1 的 CH17（TS17）即 IPTMN7（H'202&17）
4	信令点编码	321 局的 SPC=H'160101，322 局的 SPC= H'160102

（二）数据配置

1. 创建 MTP 部分的数据

创建 MTP 数据的目的是为了在 321 分局和 322 分局之间建立 No.7 信令的传送通路，以保证分局之间 No.7 信令能够可靠传送。MTP 数据的创建顺序为：N7EXCH、N7LKSET、N7LINK、N7RTES。

（1）创建 No.7 新局向目的地交换机

① MML 命令

```
<223: EXCHNAME="YD322", DEST1=H'160102&NAT, EXCHTYPE=ADJ&STPSP;
```

执行该命令后，S1240 交换机输出报告如图 3-12 所示。

② 关键参数

EXCHTYPE：代表对端局类型，对端局类型是指对端局是邻接局还是非邻接局（ADJEXCH、NONADJEXCH），是信令点还是信令转接点（SP、STPSP）。

EXCHNAME：代表对端局局名。

```
CREATE-N7EXCH                                         SUCCESSFUL
                                                      FINAL RESULT

OPERATOR INPUT :

  EXCHNAME = YD322
  DEST1    = H'00160102                   &  NAT

  ————————————————————————————————————————————————————

RESULT :

NEW DATA

EXCHNAME          EXCHTYPE     MOPCAPPL   OPCIND    DESTINATION     SSF
————————————————————————————————————————————————————————————————————

YD322             ADJ  STPSP   NORM       OPCSET1   16 01 02        NAT

LAST REPORT       00204
```

图 3-12　223 命令输出报告

DEST1：表示目的地 1，DEST1=H'160102&NAT 表示对端局的信令点编码和子业务字段 SSF，SSF 用来指示信令网是国内、国际还是备用信令网，本任务中为国内信令网。

③ 说明

如果 321 分局是一个非 7 号信令局，尚未开通 7 号信令局向的话，则首先要确定本局的源信令点编码 OPC。

如果 321 分局至 322 分局采用准直联方式传送信令，则 EXCHTYPE=NADJ&SP。

（2）创建 No.7 信令链路集

信令链路集（Link Set，LKSET）是指连接两个信令点之间所有具有相同属性的信令链路的集合，而信令链路（Signaling Link，SL）是指各直连信令点之间传送 No.7 信令消息的物理链路，由信令数据链路和信令终端组成。一个信令链路集最多只有 16 条信令链路。

① MML 命令

```
<5375: DEST=H'160102&NAT;
```

执行该命令后，S1240 交换机输出报告如图 3-13 所示。

② 关键参数

DEST：表示目的地，DEST=H'160102&NAT 表示目的地交换机的 DPC 为 160102，国内信令网。

（3）建立 No.7 信令链路（在 No.7 信令链路集中加 No.7 信令链路）

在生成信令链路集之后，应该向该链路集中加入信令链路，链路集中的信令链路数据主要包括信令链路编码、信令终端与数据链路的连接关系。一条信令链路只能属于一个信令链路集。信令链路的性能与信令链路集的性能保持一致。当第一条信令链路加入到信令链路集后，系统将在路由表中自动产生一个话务分配表。当再增加一条信令链路后，信令链路集内的话务负荷将重新分配。

```
CREATE-N7-LKSET                                        SUCCESSFUL
                                               FINAL RESULT    1
------------------------------------------------------------------
OPERATOR INPUT:

DEST     = H'00160102 & NAT

RESULT: NEW DATA

ELN    EXCHNAME/           +----DPC PER SSF TABLE---+  OPCIND
       SPLITTED PC          NAT
------ --------------  ------------------------  --------
3      YD322               H'00160102                OPCIND1

LAST REPORT        05222
```

图 3-13　5375 命令输出报告

① 在加入相应信令链路前，预先占用某个 DTM 中的信道作为链路的传输媒介，即占用信令链路所对应的数据链路终端。

此次任务中，我们选用的是本局 PCM1 的 CH16（TS16）即 IPTMN7（H'202&16）作为信令数据链路，可输入人机命令：

　　<117: ENLIST1=H'202&16, 19;

执行该命令后，S1240 交换机输出报告如图 3-14 所示。

```
SZE-TRUNK-OP                                           SUCCESSFUL
                                             FINAL    RESULT 0002 -
------------------------------------------------------------------
DETAIL   = NORMAL
TRUNKS SEIZED

  TKGID          TKSEQ TCE-N LCEID  PCEID  TN/TS STATE    TRAF
  -------------- ----- ----- -----  -----  ----- -----    ----
                              H'1E20 H'0202    16 READY

  COMMENT:  CCS-LK

LAST REPORT        00098
```

图 3-14　117 命令输出报告

从报告中可知，状态 STATE=READY，说明信令数据链路已经成功占用。

② 加入信令链路。增加一条新的 No.7 信令链路到现存的信令链路集中，要给出信令链路对应的 DTMEN 和 No.7 模块所对应的信令链路类型。

此次任务中，信令链路 SLC=1，信令模块为 IPTMN7（H'202），信令终端 TN=3，连接的中继模块为 IPTMN7（H'202&16），可输入人机命令：

　　<5377: DEST=H'160102&NAT, SLC=1, CCMEN=H'202&3, DTMEN=H'202&16,
　　LKTYPE=IPTMGRD;

执行该命令后，S1240 交换机输出报告如图 3-15 所示。

```
EXTEND-N7-LKSET                                      SUCCESSFUL
                                              FINAL RESULT    1
------------------------------------------------------------
OPERATOR INPUT:

DEST     = H'00160102 & NAT
CCMEN    = H'0202 & 3
DTMEN    = H'0202 & 16
SLC      = 1
LKTYPE   = IPTMGRD
------------------------------------------------------------
RESULT: NEW DATA

ELN    EXCHNAME/          +----DPC PER SSF TABLE---+ OPCIND
       SPLITTED PC        NAT
----------------------------------------------------------
3      YD322              H'00160102                 OPCIND1


                         +-------CCMEN-------+  +------DTMEN-----+
ELK    SLC    LINKTYPE   TY LCE    PCE    TN   LCE    PCE    TN
----------------------------------------------------------
3      1      IPTMGRD    I  H'1E20 H'0202  3   H'1E20 H'0202  16

LAST REPORT      05222
```

图 3-15   5377 命令输出报告

关键参数包括以下内容。

SLC：信令链路编码，用于标识局间信令链路在某一个 LKSET 中的编号。两个信令点之间的同一信令链路两端的 SLC 必须一致，SLC=0～15。

CCMEN：表示公共信道信令模块（如 IPTM、HCCM、CCSM 等）的设备号。

DTMEN：表示连接的数字中继模块的设备号。

LKTYPE：表示信令链路的类型，信令链路类型包括 DIRMOD、IPTMGRD、IPTMSAT、HCCMGRD、HCCMSAT、CCSMGRD 和 CCSMSAT 等。

DIRMOD：两个信令点之间的链路通过调制解调器相连。

IPTMGRD：两个信令点之间的链路通过地面数字电路相连，一端连接到 IPTM。

IPTMSAT：两个信令点之间的链路通过卫星数字电路相连，一端连接到 IPTM。

HCCMGRD：两个信令点之间的链路通过地面数字电路相连，一端连接到 HCCM。

HCCMSAT：两个信令点之间的链路通过卫星数字电路相连，一端连接到 HCCM。

CCSMGRD：两个信令点之间的链路通过地面数字电路相连，一端连接到 CCSM。

CCSMSAT：两个信令点之间的链路通过卫星数字电路相连，一端连接到 CCSM。

此操作过程实际就是将信令数据链路与信令终端相连，形成信令链路。

③ 释放相应的数据链路终端。释放占用的 7 号信令信道，可输入人机命令：

<118: ENLIST1=H'202&16;

执行该命令后，S1240 交换机输出报告如图 3-16 所示。

从报告中可知，状态 STATE= SIGNLINK，说明信令数据链路已经成功释放。

（4）创建 No.7 信令路由集。信令路由（Signaling Route）是指信令消息到达相应目的地交换局必须经过的路径，是具有特定优先级、与相邻局相连的信令链路的集合，有正常路由和迂回路由之分。而信令路由集（Signaling Route Set）是指到达目的地交换局所有信令路由的集合。

```
RLSE-TRUNK-OP                                        SUCCESSFUL
                                    FINAL   RESULT 0002 -
--------------------------------------------------------------
DETAIL   = NORMAL
TRUNKS RELEASED

  TKGID              TKSEQ TCE-N LCEID  PCEID  TN/TS STATE    TRAF
  ---------------    ----- ----- ------ ------ ----- -------- ----
                                 H'1E20 H'0202    16 SIGNLINK

  COMMENT:  CCS-LK

LAST REPORT        00098
```

图 3-16 118 命令输出报告

创建时可以输入一个作参照的信令路由集。在创建信令路由集时，最少要包含一个信令路由，第一个信令路由的优先级总为第一级。如果创建两个经过不同 STP 交换机的非直达信令路由，并且它们的优先级都为第一级，那么这一信令路由组中的话务将由这两个信令路由分担，这种路由称为组合信令链路组。对于直达路由，它的优先级必须是第一级，同时，它也不可以和其他路由合成一个。

创建 No.7 信令路由集，可输入人机命令：

　　＜245: DEST=H'160102&NAT, ADJEXCH1="YD322";

执行该命令后，S1240 交换机输出报告如图 3-17 所示。

```
CREATE-N7RTES                                        SUCCESSFUL
                                           RESULT PART 001
--------------------------------------------------------------
OPERATOR INPUT:
  DEST      = H'00160102 & NAT
  ADJEXCH1  =            YD322
--------------------------------------------------------------
RESULT:    NEW DATA

--ROUTESET DESTINATION INFO-- IRT ADJACENT DESTINATION   --ROUTE--
DPC/EXCH/NCANAME SSF    STATE FNC DPC/EXCHNAME            PRIO
----------------- ---   ----- --- -----------            ----
YD322            NAT    UNAV  N.A YD322                   1
H'00160102                       H'00160102

LAST REPORT        00207
```

图 3-17 245 命令输出报告

（5）激活已创建的 No.7 信令链路。此过程用来启动信令链路，可输入人机命令：

　　＜220: DEST=H'160102&NAT, FUNCTION=ACTIVATE, SLC=1;

　　或＜220: ELN=3, FUNCTION=ACTIVATE;

执行该命令后，S1240 交换机输出报告如图 3-18 所示。

```
CHANGE-N7LINK-STATUS                                    SUCCESSFUL
                                              FINAL RESULT   2
-------------------------------------------------------------------
OPERATOR INPUT:

DEST     = H'00160102  & NAT
SLC      = 1
FUNCTION = ACTIVATE
-------------------------------------------------------------------
RESULT:

EXCHNAME / DEST                          +--CCMEN---+  +-DTMEN-+
     DPC          SSF    ELN  SLC ELK   TY PCE    TN  PCE    TN
-------------------------------------------------------------------
YD322               NAT   3    1   3     I  H'0202 3   H'0202 16
 H'00160102              JOB STATUS = SUCCESSFULLY EXECUTED

LAST REPORT        00203
```

图 3-18　220 命令输出报告

至此，MTP 部分的数据创建完毕。

2．创建 ISUP 部分的数据

创建 ISUP 数据的目的是要建立 321 分局和 322 分局之间的话路连接。ISUP 数据创建顺序为：ROUTE、TKG、TRUNK、TKGCOM、SRTEBL、RTEB。

（1）创建中继路由

新路由名称定为 YD322，输入人机命令：

```
<113: RTEID="YD322";
```

执行该命令后，S1240 交换机输出报告如图 3-19 所示。

```
CREATE-ROUTE                                         SUCCESSFUL
-------------------------------------------------------------------
ACTUAL FEATURES
DETAIL     =  NORM

RTEID            RTENBR   RTESTATE   COMPANY          COMMENT
-------------------------------------------------------------------
YD322            (00111)     IS        ~~~~~~~~~~~

LAST REPORT               NO = 00100
```

图 3-19　113 命令输出报告

（2）创建中继群

参考原有的 ISUP 中继群 TEST_N7 创建新的 YD322 中继群，可输入命令：

```
<1557: TKGID="YD322"&"YD322", SIGTYP=N7NAT, RTEID=YD322,
REFTKG=TEST_N7, LTRA=H'39B0&15, DEST=H'160102&NAT, BW,
HUNTING=LIFOFIFO&ODDCHN;
```

67

关键参数包括以下内容。

中继资源分配 LTRA：规定中继群的 TRA 辅助控制单元以及中继群的预留中继数量。本处指定了 LTRA 模块的 LCEID 为 H'39B0，并为该线群预留了 15 条中继线。在中继群中加入中继线时，中继线数量不得超过 15 条的预留值。

选线方式 HUNTING：确定出中继群的中继线选线方式。HUNTING=LIFOFIFO 是将中继线分为两部分，各形成一个队列，一个是 FIFO 队列，另一个是 LIFO 队列。LIFOFIFO 方式应在 FIFO 队列全忙时再选 LIFO 队列的中继。当使用 LIFOFIFO 选线方式时，HUNTING 参数应输入第二个变量 FIFO CHANNELS，该变量用来规定 FIFO 和 LIFO 队列中各包含哪些话路。

在 No.7 信令方式下，两个交换局之间的中继电路为双向电路，可能发生双向同抢问题。为了减少双向同抢的发生，信令点编码 SPC 大的局主控所有偶数电路，SPC 小的局主控所有奇数电路，交换局可优先接入主控电路（FIFO），非优先接入从控电路（LIFO）。所以在创建 7 号信令中继线时，HUNTING 参数即使未输入第二个变量，也会自动生成。生成的原则是：如果本局 SPC 大于对端局 SPC，则 FIFO CHANNELS=EVENCHN；如果本局 SPC 较小，则 FIFO CHANNELS=ODDCHN。

本任务中，由于 321 分局的 SPC 较小，应主控所有奇数电路，所以选线方式 HUNTING 为主控电路群先进先出（FIFO），从控电路群后进先出（LIFO），FIFO CHANNELS 为奇数电路。

（3）在中继群中加入中继线

采用 No.7 信令的局间中继电路是用电路识别码 CIC 标识的。CIC 为 12 bit，对于 2Mbit/s 的数字通路，CIC 的格式如表 3-4 所示，它固定为 PCM 系统号码+电路时隙编码。PCM 系统号码与电路时隙无固定联系，只要交换局双方约定即可，也就是说，对于同一电路时隙，交换局双方对应同一 CIC 即可。

表3-4 电路识别码 CIC 格式

PCM 系统	电路时隙	中继电路编序（CIC）
1	1，2，…，31	101，102，…，131
2	1，2，…，31	201，202，…，231
⋮	⋮	⋮
N	1，2，…，31	N01，N02，…，N31

本任务中，采用本局 PCM1 的 CH17（TS17）即 IPTMN7（H'202&17）作为中继话路，故 CIC 码为 117，可输入人机命令：

```
<117: ENLIST1=H'202&17, 19;
<1561: TKGID=YD322, ENLIST1=H'202&17&117&1;
<1561: CONTROL=CONFIRM;
<118: ENLIST1=H'202&17;
```

（4）创建复合中继群

创建复合中继群，可输入人机命令：

```
<5807: TKGCMID="YD322", TKGCHN=YD322;
```

执行该命令后，S1240 交换机输出报告如图 3-20 所示。

```
CREATE-TKGCOM                                    SUCCESSFUL
--------------------------------------------------------------------
ACTUAL FEATURES
DETAIL       = NORMAL

TKGCMID      = YD322
--------------
RTEID        = YD322
HUNTING      = SEQTL

TKGID        = YD322

LAST REPORT              NO = 05502
```

图 3-20　5807 命令输出报告

（5）创建子路由块

创建子路由块可以采用 SRTGBLK→TKGCOM 的方式或 SRTGBLK→TKGCOML 的方式。SRTGBLK→TKGCOML 方式下，创建子路由块 SRTGBLK 应先创建复合中继群列表 TKGCOML，可输入人机命令：

```
<5799: SRTGBLID="YD322", TKGCCHN=YD322;
```

执行该命令后，S1240 交换机输出报告如图 3-21 所示。

```
CREATE-SRTGBLK                                   SUCCESSFUL
--------------------------------------------------------------------
ACTUAL FEATURES

SRTGBLID = YD322
--------------
TYPE         = NORM
SAT          = NOCHECK
HUNTING      = SEQTL
TKGCMID      = YD322
--------------
RTEID        = YD322
HUNTING      = SEQTL
TKGID        = YD322

LAST REPORT              NO = 05496
```

图 3-21　5799 命令输出报告

（6）创建路由块

创建路由块时，可以指定包含复合中继群 TKGCOM 的子路由块 SRTGBLK 为下属子路由块，或指定包含复合中继群列表 TKGCOML 的子路由块 SRTGBLK 为下属子路由块，输入人机命令：

```
<5791: RTGBLKID="YD322", DEPCOMB1=SPEECH&ANY, SRTGBLK1=YD322;
```

路由块要受到 BC（承载能力）和 SIGTYPE（信令类型）的调制。

在 S1240 交换系统中，SIGTYPE 的取值一般有以下几种。

① ANY：任意。

② DIGITAL MANDATORY：数字必须。

③ ISDN MANDATORY：ISDN 必须。

④ ISDN PREFERRED：ISDN 优先。

⑤ ISUP MANDATORY：ISUP 必须。

在 S1240 交换系统中，BC 的取值一般有以下几种。

① SPEECH：语音。

② 3.1K AUDIO：3.1kHz 音频。

③ 7K AUDIO：7kHz 音频。

④ 64K UNRESTRICTED DIGITAL：64kbit/s 不受限数字信号。

至此，ISUP 部分的数据创建完毕。

3．创建字冠部分的数据

S1240 交换系统中负责字冠数据分析的呼叫服务软件是字冠分析及任务单元定义（PATED）软件。PATED 的功能之一是分析收到的字冠，确定呼叫目的地及其他由字冠确定的呼叫任务。在实际通信中，如果 321 局用户呼叫 322 局用户，该呼叫为出局呼叫，要完成此次呼叫，必须将 321 局至 322 局的出局路由块与 322 局字冠 K'322 相联系。

（1）创建 DESTACC 指向刚建立的路由块，输入人机命令：

```
<7474: ACCINFO=OG&0, RTGBLKID=YD322, CREATE;
```

该命令为 YD322 路由块创建路由选择任务 DESTACC，PATED 根据所接收到的被叫号码来定义相关的路由任务，主要的路由任务有本局任务、出局任务、操作台任务以及录音通知等。如果是出局任务，系统会选择空闲中继线进行呼叫。

参数 ACCINFO=OG&0 中，"OG" 代表出局呼叫，"0" 代表重试次数，即遇阻重新选线的次数为 0，查输出报告得到 DESTACC=129。

（2）修改字冠任务指针（联系电话号码字冠），输入人机命令：

```
<715: TREE=10, PFX=K'322, DESTACC=129, OPTION=ALL;
```

命令将 321 局至 322 局的出局路由块 YD322 所对应字冠 K'322 指向 DESTACC=129。

至此，321 分局连至 322 分局的 ISUP 新局向相关局数据创建完毕。

（三）数据调测

（1）拨打一次出局呼叫，验证能否完成通话。

（2）如果呼叫不成功，排除传输因素后，检查 DESTDID、DESTSIG、DESTCTRL、DESTNBG 等数据。

📖 任务总结

1．公共信道信令方式下，传送信令的通道和传送话音的通道在逻辑上或物理上是完全分开的，有单独用来传送信令的通道。

2．No.7 信令系统从功能上可以分为消息传递部分 MTP 和用户部分 UP，MTP 在相应的两个用户部分之间可靠地传递信令消息，UP 处理信令消息。

3．消息传递部分 MTP 可分为信令数据链路级、信令链路功能级和信令网功能级。

4．No.7 信令方式规定了消息信令单元（MSU）、链路状态信令单元（LSSU）和填充信令单元（FISU）3 种基本的信令单元。

5．No.7 信令网本质上是一个专用于传送 No.7 信令消息的数据网，是具有多种功能的业务支撑网，它由信令点、信令转接点以及连接它们的信令链路组成。

6．No.7 信令采用直联和准直联两种工作方式。

7．我国 No.7 信令网由高级信令转接点（HSTP）、低级信令转接点（LSTP）和信令点（SP）3 级组成。

8．国际信令网和各国的国内信令网是独立的，采用不同的信令点编码方案。国际信令网中信令点编码的位长为 14 bit，我国国内信令网采用的是 24bit 的全国统一编码计划。

习题

一、选择题

1．ISUP 消息采用（　　　）信令单元格式。

 A．MSU　　　　　　　　B．LSSU　　　　　　　　C．FISU

2．当信令单元中 LI=2 时，对应的信令单元是（　　　）。

 A．MSU　　　　　　　　B．LSSU　　　　　　　　C．FISU

3．在我国 No.7 信令网中，TUP 和 ISUP 应配置于（　　　）。

 A．HSTP　　　　　　B．独立型 STP　　　　　C．网管中心　　　D．市话端局

二、填空题

1．我国 No.7 信令网分为_____、_____和 SP 三级，其中和主信令区对应的是_____，其信令点编码为_____位。

2．No.7 信令系统采用了_____、_____和 FISU 三种信令单元，可分为_____和 UP 两部分。

3．按照信令信道与话音信道的关系，信令可分为_____和_____。

三、简答题

1．简述 No.7 信令系统功能结构。

2．简述我国 No.7 信令网的结构。

3．简述一次成功的局间呼叫的 ISUP 信令流程。

4．简要说明 S1240 交换机 No.7 信令中继数据配置流程。

任务 4　S1240 交换机系统的维护与管理

交换设备维护是进行交换设备管理工作的必要环节。通过此任务的学习，学生可以了解 S1240 交换机的维护类型、例行维护项目及内容，掌握常用维护工具和测试手段，可以处理 S1240 交换机系统的简单故障。

任务目的

1．了解 S1240 交换机例行维护项目；
2．掌握 S1240 交换机的维护工具；
3．掌握 S1240 交换机的告警管理；
4．掌握 S1240 交换机各种测试手段；
5．能处理 S1240 交换机系统的简单故障。

任务资讯

4.1　S1240 例行维护

按照维护目的的不同，S1240 交换机将维护功能分为预防性维护和修正性维护。

预防性维护即例行维护，是指在交换设备的运行过程中，为及时发现并消除设备存在的缺陷或隐患，维持设备的正常运转，使系统能够长期安全、稳定、可靠地运行而对设备进行的定期维护和保养，是一种预防性措施。

修正性维护即故障处理，是指在交换系统或设备发生故障的情况下，为迅速定位并排除故障，恢复系统或设备的正常运行，尽量减少因故障引起的损失而对设备进行的非定期检修和维护，是一种补救性措施，如更换故障电路板等。

4.1.1　按维护对象分

按维护对象分，例行维护项目如表 4-1 所示。

表 4-1　　　　　　　　　　　　　S1240 交换设备例行维护项目表

维 护 类 别	维 护 项 目	维 护 周 期
例行测试	网络例测	每月
	时钟例测	每月
告警和外设	告警箱显示是否无告警	每天
	是否能及时分析和处理 19 命令中的告警信息	
	外设状态检查（光驱/打印机/终端/硬盘）	每天
	是否有专用终端输出系统报告	每天
	传输告警检查及处理是否及时	每天

续表

维 护 类 别	维 护 项 目		维 护 周 期
系统运行	7439 报告中总的 ERROR 数及溢出的 ERROR 类型		每时
	7439 报告中是否有模块再启动和再装载		忙时
	P&L、DFCE 模块是否正常		每天
	CTCE、SACEN7、SACECP、SACEADM 等重要 ACE 是否工作正常		每天
	SCALSV、TP、SACECHRG 等重要 ACE 是否工作正常		每天
后备带管理	全盘后备带制作		每月
	后备带是否妥善保管并有记录		每月
	打补丁和重要数据修改前是否要求做后备带		按需
	大量数据修改后是否及时做后备带		按需
7 号信令和中继状况	忙时中继可用率是否符合要求		每周
	忙时应占比是否符合要求		每周
	忙时出入局接通率是否符合要求		每周
	中继统计报告中 TRUNK 负荷是否超过 0.7Erl		每时
	所有路由和链路状态是否有异常		每时
	链路负荷情况是否超出标准		每时
	5691 和 5669 报告，LINK 和路由是否有频繁异常翻转		每时
重要数据检查	DEBUG 状态检查 R_FEATURES.D_FEAT_12 是否为 00		每月
	运行 CHK8104/CHK8808/CHK9110/ CHK9113 结果是否正常		
计费	跳表是否正常		每月
	详单是否正常		每月
	跳表计费带是否定期制作		每月
	详细计费带是否定期制作		每月
	打补丁和修改重要数据前是否按要求做计费带		按需
智能网数据检查	SCALSVT/SACEIN 模块状态是否正常		每天
	智能业务接入码字冠数据是否符合规范		按需
	智能业务对应的 GT 码情况是否符合规范		按需
	智能网话单格式是否符合要求		按需
接入设备情况	V5 接口是否正常		按需
	JRSU 是否正常		按需
机房环境	空调	机房送风方式（上送风/下送风）	每季
		对于上送风方式，记录空调出风口与机架的相对位置和空调温度设定	
		对于下送风方式，检查地板出风口是否为低温强风和空调温度设定	
	机房温度	测量和记录机架周围温度	每天
	机房湿度是否属于正常范围		每天
	接地情况是否符合要求		每年
	机房清洁防尘情况		每季

续表

维护类别	维护项目		维护周期
机房环境	更换硬件操作是否正确使用防静电手环		按需
	空气开关告警	空开告警电缆的连接是否正确	每天
		空气开关是否已闭合	
		S12 窄带的 19 报告中是否有 TRUCB 告警	
		检查并排除无告警假相，结果是否正常	
	风扇告警电缆检查	检查每个风扇架前面的告警灯是否正常	每天
		目测检查风扇告警电缆连接是否正确	
		窄带 19 报告中是否有风扇告警	
	灰尘空气滤网检查	过滤网是否安装	每季

4.1.2　按维护周期分

按维护周期分，例行维护项目有以下几种。

1. 日常维护（每天至少检查一次）

（1）机房环境。

S1240 交换机温度正常工作范围为 22℃～26℃，相对湿度正常工作范围为 40%～70%，机房内最好能保证满足以上设备正常运行所需的温湿度要求，可以通过加热、冷却、通风和除湿等方法以保证机房的室内环境。头架及扩展架之前的过道推荐至少为 1.5m。

检查接地保护，用地阻测试仪测试总配线架和其他地线的接地电阻是否达标。检查总配线架的所有接地分支是否接触可靠。

防尘过滤板装在最下面分架的底部，防止灰尘进入系统。因为脏的防尘板会严重减弱系统的散热能力，一般每两月需除尘一次。如果机房灰尘比较多的话，要增加除尘次数。

（2）硬件状态。

检查各系统模块 P&L、CTCE、SACEN7、SACECP、SACEADM、SCALSV、TP 和 SACECHRG 的运行状态，用 MACRO OVMON 观察重要模块的负载情况，及时排除可能的问题。

（3）告警和外设。

① 告警的显示和处理。

观察告警箱各指示灯的状态，正常状态为紧急告警灯和非紧急告警灯是熄灭的；DISABLE 一个用户对应的 SLIF 安全块，观察告警信息是否可正常触发；使用 19 号命令显示所有告警，对于 URG 的告警必须处理掉。

② 外设状态的检查。

第一种，物理检查，主要有以下几项。

外壳清洗；

内部脏物、纸屑、灰尘清扫；

机械传动部分清扫，注油，螺丝检查和紧固；

插接件检查；

打印机检查更换色带；

光驱内部属于精密仪器，应该特别注意维护和保养。

第二种，人机命令检查，主要内容如下。

```
<45: SBLTYPE=CTLE, NA=H'C, NBR=1, OPTION=DEPLIST.
```

观察光驱、硬盘、磁带机和终端对应的安全块是否处于 IT 状态。

③ 传输告警。

日常维护中遇有滑码等传输告警，必须尽快和传输部门联系，以便及时消除。

（4）中继统计情况。

根据本局运行情况，对忙时话务报告进行重点分析。

如果发现某中继群话务量一直较高的话，应该采取相应的措施，例如采用扩中继或者利用话务控制功能合理疏通话务。

2. 周维护

（1）检查所有 No.7 模块的运行情况，主要模块 IPTMN7、HCCSM386、CCSM386、CCSMN7、SINOSI 和 SACEOSI 等是否有 Restart 发生。

（2）用人机命令

```
<241: LKSET=ALL, SLC=ALL, DETAIL=SWSTAT.
```

检查全局 No.7 信令链路的状况，若有非 Active 状态的 link 要及时查明原因和处理。

用人机命令

```
<250: DETAIL=3.
```

收集所有路由状态，将闲置不用的 ACTING 链路置成 ORJ-DIS 状态。

（3）开启 TABLE3 统计，如果有负荷较高的局向，通过增加链路或者调整话务来降低负荷。

3. 月度维护

（1）例行测试。

例行测试是日常维护中的一项重要内容，主要测试项目有时钟、网络及用户等。例行测试一般处理过程是根据例测报告中给出的故障点的网络地址和安全块序号，先闭塞该安全块，然后初始化该安全块。

```
<6: SBLTYPE=**, NA=H'**, NBR=**, WTC=0.
<7: SBLTYPE=**, NA=H'**, NBR=**.
<452: TESTCAT=RT, NA=H'**&**, DEVTYPE=**.
```

分析报告中的设备总数、测试通过数、故障设备数、测试忙设备和未测试设备数。对测试忙设备和未测试设备，应在当月抽时间补测。

（2）后备带管理。

按时做后备带是日常维护中的一项重要内容，尤其在紧急情况下，后备带的作用是非常大的。后备带分为全盘后备、程序部分和数据部分。每次制作后要做好记录和标记，并妥善保管。打补丁和重要数据修改前要做后备带，大量数据修改后也应该及时做后备带。

（3）计费检查。

① 计费带制作；

② 计费数据的检查。

4.2 S1240 维护工具

S1240 交换系统中，常用维护工具有安全块 SBL、替换件 RIT、维修块 RBL 等。

4.2.1 安全块 SBL

1．SBL 的定义

安全块是由一组硬件电路与相关软件组成的，执行一系列电路功能的集合，若其中一个功能失效，则其余功能就不能再被系统使用。

SBL 的例子如下：

ASST——异步共享终端；

TASL——终端接口入口级链路。

从维护角度来讲，一个安全块是一个功能单元。在某些情况下，SBL 与硬件单元一一对应；而在另外一些情况下，SBL 是由若干硬件单元构成，或者是若干 SBL 构成一个硬件单元。通常，一个 SBL 的功能不能与另一个 SBL 的功能重叠，并且整个系统的功能都可以用 SBL 来概括。

2．SBL 的标识

一个 SBL 由以下 3 个参数来标识。

（1）网络地址 NA：是指一个模块对于数字交换网络（DSN）的访问地址，它由 4 位十六进制数组成。

（2）安全块类型 SBLTYPE：常见安全块类型有 CTLE（对应控制单元）、SLIF（对应模拟用户线）等，MMC 手册（SI06）中列出了所有的 SBL 类型。

（3）安全块号码 NBR：用于区分一组具有相同网络地址以及安全块类型的安全块。

3．SBL 的等级

安全块等级制度指出了不同 SBL 从 DSN 网络角度来访问的从属或依赖关系。当一个高层 SBL 退出服务时，其下属 SBL 也将不能被访问，也就是说，其下属 SBL 也将退出服务。在模块中，控制单元 SBL（即 CTLE）始终是最高级别。SBL 之间的从属关系包括以下几种。

（1）"无"逻辑：SBL 直接从属于其上级 SBL。

（2）"或"逻辑：SBL 从属于两个上级 SBL，并且只要其中之一处于服务状态，就能使本 SBL 处于服务状态。

（3）"与"逻辑：SBL 从属于两个上级 SBL，并且只有在这两个上级 SBL 都处于服务状态时，才能使本 SBL 处于服务状态。

4．SBL 的类别

SBL 分为下列 5 类。

（1）控制单元：所有的控制单元构成一类。

（2）网络：由交换单元、交换单元之间的链路、STAGE1 至 STAGE2 的直流转换器以及 STAGE3 的直流转换器等组成。

（3）电话服务：包括所有有关用户线、中继线、接收器以及测试设备的 SBL。

（4）外设：包括磁盘、磁带部件以及打印机等。

（5）系统：包括有关时钟和音信号系统，以及告警等的所有 SBL。

5．SBL 的状态及其转换

SBL 的状态包括以下内容。

IT：处于服务状态，能携带话务并能处理呼叫流程。

FIT：在诊断测试时发现其中有一个小故障，但该 SBL 可继续处理话务。

EF：出现外部故障。

SEF：特殊外部故障，该 SBL 将不能再处理话务。

FLT：故障状态，由于 SBL 本身功能原因影响服务，出现的故障次数大于一个预期的数目，并且这些故障被维护子系统所确认；当故障被清除后，该 SBL 会返回服务状态。

FOS：故障退出服务，当故障被清除后，必须通过操作员的干预才能使该 SBL 返回服务状态。

SOS：软件退出服务状态，该 SBL 本身并无故障，是由于同一控制链中上层 SBL 已退出服务造成，当上层 SBL 恢复时，它会自动返回至服务状态。

OPR：操作员请求状态，由操作员干预将某一 SBL 置于非服务状态，只有当操作员允许时，才能将这些 SBL 返回至服务状态。

MBL：维护阻塞状态，本状态不允许对其进行维护操作。

ISOLATED：隔离状态。

NEQ：该 SBL 硬件及软件均未安装，并且也未在数据结构中阐明。

EQALW：可允许装配状态，该 SBL 在数据结构中已阐明，但物理上并不存在。

PEQ：部分被安装状态，它并不携带话务，但是能被维护系统访问。

REP：修理状态。

FRE：故障修理状态。

RPL：替换状态。

SBL 的状态是可以转换的，导致 SBL 脱离服务的主要原因有以下几点。

（1）SBL 本身的原因，例如该 SBL 由于被防卫系统检测出有故障而使其处于脱离服务状态。

（2）其他 SBL 的原因，一般该 SBL 本身没有出现故障，但高一级的 SBL 出现故障时，低级的 SBL 均处于脱离服务状态。

（3）操作员根据维护的需要，决定将某个 SBL 暂时置于脱离服务状态。

4.2.2　替换件 RIT

替换件 RIT 是进行维修时所需更换的最小硬件组合。一个替换件可以是单块的 PBA、磁带部件、打印机、磁盘部件、DC/DC 变换器等。当发生故障时，给维护人员的有关故障信息中将指出被怀疑有故障或错误的替换件（即 RIT）。维修时，我们仅需更换这些 RIT 即可。

一个 RIT 可由以下参数（RIT=A&B&C&D）标识。

A——ROW/SUITE：列，是 S1240 交换机系统的机架列号，从 $1\sim n$ 编号。

B——RACK：架，是列中机架号码，从 A～Z 编号，其中某些字母（如 I、O、N、Q、Y）不能被使用。

C——SHELF：层，是机架中分架号码，从 1～8 编号。

D——SLOT：槽，是分架中槽口位置，从 1～63 奇数编号。

4.2.3　维修块 RBL

维修块 RBL 是调换一个 RIT 时所必须退出工作状态的最小数量的 SBL，从而使得在更换 RIT 时不至于影响维修块内其他安全块。

4.2.4　设备 DEVICE

S1240 系统也能以被称为设备的功能单元来分类，这一概念只被设备处理器（DEVICE HANDLER）所使用，而维护系统只需知道这一概念而已。

设备由下列参数来标识。

（1）网络地址：与 SBL 网络地址相一致。

（2）设备类型：不同于 SBL 类型，SI09 手册列出了所有的设备类型。

（3）设备号码：用于区别具有相同网络地址及类型的设备，通常与 SBL 号码一致。

4.2.5　关系

1．SBL-RIT

一个 RIT 可包含不同的 SBL，如一个用户线路 RIT 能包含 16 个用户线 SBL。一个 SBL 也能由多个 RIT 所组成，如 CTLE 安全块包含有一个处理器的 RIT、一个直流转换器 RIT 等。

2．SBL-RBL

一个 RBL 能包含多个 SBL，而安全块按其重要性分成若干高低层次，高层安全块如被停用或维修，则它所属的低层安全块也将被自动置于非服务状态（即被停用），所以维修块也包含低层的 SBL。

当被替换的印制电路板不允许"热插"时，在维修时就必须关闭该电路板的供电电源。而同一电源还可能同时为其他模块供电，此时该 RBL 将包含由相同电源供电的其他 SBL。

3．SBL-DEVICE

安全块类型与设备类型并不始终是一一对应的。若干设备类型有时对应于一个 SBL 类型。

4.2.6　SBL 维护人机命令

SBL 维护相关人机命令如表 4-2 所示。

表 4-2　　　　　　　　　　　　　　　　SBL 维护相关人机命令

命 令 号	命令助记符	命 令 功 能	说　　明
45	DISPLAY-SBL-DATA	显示 SBL 数据	可显示 SBL 的状态、地址、相关低级别 SBL 等
39	TRANSLATE	转换命令	实现 SBL 与 RIT、RBL 的转换
6	DISABLE	去活	将 SBL 置于非服务状态
11	TEST	测试	对 SBL 进行诊断测试
7	INITIALISE	初始化	将 SBL 置于服务状态
14	VERIFY	验证	6+11+7 号命令的综合操作
7633	REPAIR-START	启动维修	将 RIT 对应的 RBL 置成 OPR 状态
7634	REPAIR-END	结束维修	将 RIT 对应的 RBL 置成 IT 状态

4.3 S1240 告警管理

告警一词泛指交换机所有的蜂鸣器以及指示灯，当然还包括通过附加的硬件设备所进行的故障情况检测，这个硬件设备放置在 S1240 交换机中的每个机架内（称为 RLMC，机架告警板）。我们可以将各种各样的告警类型，按照它们的某些相似之处，归入各自的组内，包括：

硬件告警、SBL 告警、程序产生的告警、由告警控制程序（AC）检测出的告警。

4.3.1 硬件告警

硬件告警通常是由每个机架中的机架告警板来检测的，它们通过"扫描点"通知系统，而这些"扫描点"是由安装在机架告警板所在控制单元内的机架告警软件监控的。外部告警是由另外的一些硬件设备（如火警检测器、湿度检测器等）来检测的，这些设备对于 S1240 系统来讲不一定是必需的，它们被连接至 CLMA 板的"扫描点"，并以硬件告警形式出现。

当出现硬件告警时，系统报告将显示该硬件告警状态为"ON"；当该告警消失时，系统报告将显示该硬件告警状态为"OFF"。

4.3.2 SBL 告警

系统中每个设备处理器（Device Handler）都包含有检测它所控制的硬件设备产生异常事件的代码。异常事件将被报告至维护控制单元，而维护模块则负责对故障硬件进行恢复动作。

如果在一个设备上产生异常事件，"DFCE"模块就会对相应的 SBL 启动一个诊断测试过程。如果测试失败，则终止该 SBL，并且通过 SBL 告警以及输出打印报告的形式通知维护人员。

4.3.3 程序产生的告警

在一些情况下，系统中具有某些功能的程序能够检测出引起告警的事件，而这些告警并不直接关系到交换机的硬件，因此我们将这些告警直接报告至告警控制程序（AC）。例如，恶意呼叫跟踪、中继告警、计费告警、统计告警、打印机纸张用完等，它们都具有一个共同特点，即当检测出这些告警时，维护模块不采取任何维护动作。

4.3.4 由告警控制程序（AC）检测出的告警

例如，SBL GROUP 告警、一对 active/standby 的系统 ACE 模块同时产生故障而引起告警、类别溢出（同一类别的告警达到一定数量）、R_ALRECE 溢出告警、当一个 SBL 处于外部故障状态，则产生外部告警、自动维护保护告警等。

4.3.5 告警指示器处理

一个告警指示灯只能指出相应的告警类型或类别，而不能同时指出告警类型和类别。因此对一个告警的响应通常至少要驱动两个指示灯，一个用于显示类型，而另外一个用于显示类别。类别指示灯用来指出相关告警类别，系统中告警类别有被终止、仅打

印、可延迟、非紧急、1/4 紧急、半紧急、3/4 紧急和紧急共 8 种。类型指示灯用来指出相关告警类型，系统中的典型告警类型有"DC/DC 转换器故障"、"恶意呼叫告警"等。每当接收到一个新的告警时，告警系统就会驱动告警蜂鸣器。告警指示器被安装在主告警盘上，如图 4-1 所示。

CATEGORY	POWER	MAINT	SBL	EXTERNAL	INDIVIDUAL SBL
URGENT NON URGENT	CENTRAL POWER COMMERCIAL POWER MAIN DISTRI- BUTION ROW/EM FUSE CONVERTOR RECTIFIER	DUAL FAILURE	URGENT NON URGENT	TRANSMI- SSION TRANSMI- SSION FIRE	MPM/APM SYSTEM ACE SERVICE CIRCUIT SWITCH ELEMENT SIGNALLING NB.7 DTM/RIM CLOCK&TONE
	ON/MAINT		TEST/REST	SPECIAL ALARM	

图 4-1　主告警盘 MPA 面板图

4.3.6　告警管理人机命令

系统中出现的所有告警都被存储在交换机的数据库内，因此我们能使用人机命令来显示系统中当前所有的告警，同时维护人员也能显示或修改某一告警类型的相关参数。告警管理相关人机命令如表 4-3 所示。

表 4-3　　　　　　　　　　告警管理相关人机命令

命令号	命令助记符	命令功能
19	DISPLAY-ACTIVE-ALARMS	显示系统当前告警事件表
18	DISPLAY-ALARM-PARAM	显示告警参数
17	MODIFY-ALARM-PARAM	修改某种告警对应的参数
1189	DELETE-ALARM	删除告警

4.3.7　告警类型和对业务的影响

1. 交换机产生的告警按照不同的功能范围分类

（1）外部告警，如用户线告警。

（2）模块告警，如 DC/DC 转换器告警。

（3）机架告警，如电源熔丝告警、CLTD 时钟告警、RCLK 信号音告警等。

（4）安全块告警，包括安全块的故障告警。

（5）杂项告警，如中继传输中的各种告警（AIS、LFA、LMA、LIS、SLIP 等）、TAU

总线告警等。

（6）特种告警，如 No.7 信令链路失效（N7LK）等告警。

2．根据发生告警的模块类型和对业务的影响分类。

（1）网络告警

出现 TASL、AS1L、S12L、S23L、ACSW、SE1S、SE2S、SE3S 告警。当话务量太高、网络例行测试不能通过、自动诊断不能通过时，都可能出现网络告警。

网络故障会引起模块退出服务，模块不能装载，严重的会导致系统瘫痪。由于交换机的核心就是数字交换网络 DSN，因此按维护规程要求，必须对各级网络设备做定期例行测试，测试报告为 156，以便提早发现网络障碍并及时处理。

（2）时钟和信号音告警

① 中央时钟相位失步或外部时钟丢失，出现 CT01～CT17 告警。

此类故障会导致交换机系统时间不准确，引起计费文件中的时间紊乱，可能出现重复话单或超长（短）话单，该故障也可能引起交换机不能同步。

② 安全块告警。OPLL、PFLL、ERSO、ERSI、CCLG、CTGC、CTOD、DTGE 告警属于中央时钟模块的告警，CLCS、TLCS、RCLA、TLSR 属于头架和分架的时钟和信号音告警。

此类故障会引起用户无拨号音、不振铃，也可能会导致模块退出服务、无法重新装载。

（3）计费告警

交换机出现 DURO、NOTAXCELL、CHNC、TPUA、TPFT、TPFF 告警，表明计费文件出错或计费模块不能计费，无法产生话单。

① DURO 告警：一次通话的计费单元长时间未释放（超过交换机定义的时间）所造成的，伴随有 7703 报告输出（报告中含有这次通话的详细信息），维护人员可根据报告进行处理。

② NOTAXCELL 告警：中继、用户、SACEIN、SACECHRG 模块的计费单元用完所产生的，此时该模块已不能完成计费功能，维护人员必须根据模块地址立即处理。

③ CHNC 告警：SACECHRG 模块和 TP 模块间通信阻断，此时 SACECHRG 模块已不能向 TP 传送话单。

④ TPUA 告警：TP 模块已退出服务，不能收集话单。

⑤ TPFT 和 TPFF 告警：TP 中状态不为 RELEASOP 的计费文件数已超过预先设定的警戒线。通常当该 TP 的计费文件只剩下 30%可用时，出现 TPFT 告警；只有 10%可用时，出现 TPFF 告警。维护人员必须立即释放不可用的文件。

（4）信令告警

① 链路告警。产生 CCLK1（2、3）、CCLS1（2、3）、CCLD1（2、3）告警，分别表示到某方向的 No.7 信令链路、路由集、目的地话务阻断，从而可能会造成该信令链路承载的话务中断。

② 安全块告警。HCCM、IPTM 和 CCSM 模块的终端电路故障，产生 SLTC、N7CL、N7TU 告警，会导致模块上的 No.7 信令 LINK 阻断，从而引起该 LINK 承载的话务中断。

（5）中继故障

① 传输告警

RJA（远端连接告警）

AIS（告警指示信号）

SLIP（滑码告警）

LIS（遗失入局信号）

RSA（远端信号告警）

LFA（帧失步）

LMA（复帧失步）

传输告警都会影响通话质量，其中 SLIP、LFA、LMA 会造成通话时断时续、语音质量差甚至断话，LIS 会导致此模块的整个 2M 系统中断，无法承担话务。

② 安全块告警

CLLK、DTCL 中继终端设备故障，导致整个 2M 系统不能承担话务。

SACETRA 设备故障会导致许多方向话务阻塞。

（6）P&L 告警

① DISC、UDSC 告警。硬盘、光驱故障，系统将无法读取该硬盘、光驱的数据，不能使用该硬盘、光驱做后备带、计费带等工作。其中 DISK 故障影响很大，当需要更换 DISK 时，必须重建 DISK，这个过程需要 2 h 左右，随后两侧 DISK 同步也需要较长时间。

② ASST 告警。打印机、VDU 等外设无法使用，不能与交换机相连接。

（7）录音通知告警

造成用户无法听到语音提示。

（8）用户告警

产生 SLIF、SMCL、SLIX 等告警，造成单个用户或整个模块用户出现无拨号音、不振铃、听器叫音等现象，用户无法正常通话。

（9）电源和熔丝故障

产生 CONV、ROFU、COFU 告警，须立即更换相关硬件。电源、熔丝故障会引起多个模块退出服务。

4.4 S1240 测试手段

在 S1240 交换机中，测试是一项十分重要的维护工作。它可以预先检查交换系统硬件的工作是否正常，以便及时发现和处理故障，消除隐患，保证交换机正常工作。测试主要用来检验安全块（SBL）或 DEVICE 等所对应的硬件是否正常。测试有诊断测试、例行测试、用户线路测试、中继测试 4 种方式。

诊断测试：用于确认监控进程发现的错误，并把错误定位。

例行测试：对象是交换机某一类型的硬件设备。

用户线路测试：检测交换机的用户线路和话机情况。

中继测试：用于检测中继线路的传输质量及检测交换局之间的信令配合情况。

4.4.1 诊断测试

诊断测试的任务是对被怀疑有故障的 SBL 的硬件进行测试，它用于确认由系统监控程序或在例行测试中检测出来的故障，并且将故障定位到替换件（RIT）一级。

诊断测试由若干被称为测试段的功能块组成，每个测试段可以在若干预定时间内独立运行。每个测试段均会将它的测试结果"成功"或"失败"传送给诊断（DCON）FMM，如果结果为"失败"，则该程序将给出替换件（RIT）的坐标，以便维护人员替换。

诊断测试相关人机命令如表 4-4 所示。

表 4-4　　　　　　　　　　　　　　诊断测试相关的人机命令

命 令 号	命令助记符	命 令 功 能	说　　　　明
11	TEST	启动诊断测试	本命令启动测试时，对应的 SBL 必须处于"FLT"或"OPR"状态
14	VERIFY	验证安全块	系统首先将对应的 SBL 置成退出服务状态，然后对其进行测试。如果测试成功，则初始化该 SBL；如果检测出某一故障存在，则将对应的 SBL 置成"FIT"、"FOS"或"FLT"状态。
10	STOP-TEST	停止诊断测试	允许用户中断一个已经输入并正在运行的诊断测试

4.4.2　例行测试

例行测试仅对有效空闲的设备进行测试，如果某一设备处于忙或不可用状态，则不会包含在测试中。当测试执行完毕时，被测试的设备将直接返回至有效空闲的服务状态，不管测试的结果如何。例行测试具有以下一些特点。

（1）例行测试（简称"例测"）的作用是检测故障，提供故障定位信息，确保系统的正常工作。

（2）例测是根据维护周期，在交换机低话务量运行期间执行。

（3）例测是针对一个或多个器件进行测试，例测的项目用设备类型（DEVTYPE）来表示。

（4）例测仅对有效空闲的器件进行测试。

（5）如某器件被发现有故障，它仍然再次被置成有效空闲状态，而故障信息将生成报告被分析。

（6）根据例测执行的频繁程度，例测程序可以是覆盖或常驻内存。

（7）根据测试资源的有效性，几个例测可以同时进行。

例行测试的主要项目包括以下内容。

（1）测试资源设备：主要指 TSA、LTAU 等，作为一种测试资源，用来对其他设备进行测试（可用于例行测试和诊断测试）。

（2）系统设备：主要指 CTM 及时钟和信号音分配中的设备，如 OFLL、OPLL、PFLL、CTGC、DTGE、CCLD、CTOD、CLCS、TLCS、TLSR 等。对这些设备的测试不需要测试资源。

（3）通话设备：主要指 ALCN 等，包括对内部电路板上各器件的测试（RT），以及对用户外线包括话机、下户线、外部电缆等的测试（LT）。

（4）网络设备：主要网络设备，如 TASL、AS1L、S12L、S23L 等。

例行测试相关的人机命令如表 4-5 所示。

表 4-5　　　　　　　　　　　　　例行测试相关的人机命令

命 令 号	命令助记符	命 令 功 能	说　　明
454	CREATE-RT	创建一个例行测试	该命令用于创建一个新的例行测试。该测试可以根据命令中参数在指定的时间内，由系统调派周期性地自动执行。创建好的例测可由系统自动分配一个 TESTNBR
452	START-RT	启动一个例行测试	该命令允许操作员启动一个已创的例测或未创的例测（此情况一般用于复测）
453	STOP-RT	停止一个例行测试	该命令允许操作员停止一个正在执行的例测
455	REMOVE-RT	取消一个例行测试	该命令允许操作员从数据库中删除一个已存在的例测
456	MODIFY-RT	修改一个例行测试	该命令允许操作员从数据库中修改一个已存在的例测
457	DISPLAY-RT	显示例测项目	该命令允许操作员从数据库中显示一个已存在的例测
458	SUSPEND-RT	暂停一个例测	允许操作员暂时停止一个指定的或系统中所有的例行测试，即将例测状态 SUSPEND 的值由原来的 FALSE（不暂停）改为 TRUE（暂停）
459	RESUME-RT	恢复一个例测	将例测状态 SUSPEND 由 TRUE 改为 FALSE，则该例测又可以由系统自动调派执行

4.4.3　用户线路测试

用户线由 3 个部分组成，包括用户线的安全块 SLIF、用户话机、交换机设备与用户话机连接的一对线（称为 a、b 线）。如果要测试一根用户线，那么对于 S1240 交换机设备来说，可以使用 TEST 命令来测试安全块 SLIF；也能对该用户进行人工测试。施加跟踪音来连续测试"a、b"线，连接在"a、b"线另一端的用户话机能听到该跟踪音。

1. 人工测试（主要测试模拟用户传输线和话机质量）

```
＜EXE-REQ-MT（CRN=0518）
```

该命令允许维护人员在有或没有用户的配合下，完成对用户线路的测试。此命令还必须附加一条"GO"（CRN=0053）命令，用于指出相应的测试段或终止测试。该命令参数如表 4-6 所示。

表 4-6　　　　　　　　　　　　　人工测试命令参数一览表

序　号	参　数	说　　明
1	COOP	测试中需要用户的配合
2	NOT	当测试结束后，不释放测试环境资源
3	LOOP	循环测试所有的测试段，直到键入 STOP 命令结束测试
4	TERM	结束测试
5	RING	回振铃测试
6	VAL	测量值的详细报告
7	TSEGMENT	给出测试段，对应相应的测试内容

（1）测试值的含义

A-B 线间电阻（RES）主要用来判断用户线是否碰线。

A-B 线间电容（CAP）主要用来判断用户线是否断线。

A-GND 和 B-GND 的电阻、电容值主要用于判断用户线是否碰地气。

A-B、A-GND 和 B-GND 的电压值（POT AC/DC，即端口的交直流电压）主要用于判断

用户线是否有电流。

（2）关于用户线断线（以 MDF 为界面可以分为局内断线和局外断线）。

局内断线指 A-B、A-GND 及 B-GND 的 DC/AC 值均为 0，且 A-B 线间电容值很小。

局外断线指 A-B 线间电容值<0.2 μF。

2. 用户线状态的显示

```
<DISPLAY-LINE-STATUS（CRN=157）
```

该命令可以根据用户号码或设备号码来显示用户线的状态，也可以根据用户线的状态来显示属于该状态的某一号码段或某一模块的用户号码。

📖任务实施

一、任务描述

固定电话用户 3211176 在使用座机过程中发现电话无音，于是拨打服务电话报障，要求完成该故障的处理。

二、任务分析

座机用户在使用固定电话业务时，常发生的故障现象有电话无音、拨号音切不断、通话有杂音、不振铃等，用户通过电信运营商的服务电话（如中国电信的 10000 号）、营业厅或网上营业厅进行故障申告，电信公司受理后由维护人员进行故障处理。故障处理通常涉及故障的识别、故障的定位、隔离和修复等。

1. 故障的识别

故障的识别可以通过不同途径来实现，比如用户申告、交换机运行过程中产生的一系列告警提示、维护人员用 19 号命令显示的告警信息等。

2. 故障的定位

故障识别后，需对故障进行分析，确定故障点位置，即故障定位。用户故障的产生原因可能很多，如用户数据设置不当、用户线状态不正常、交换机侧相关电路板存在问题、外线或用户话机故障等。因此在故障定位过程中，包括以下步骤：

（1）通过 4296 命令显示 3211176 用户数据；

（2）通过 157 命令显示 3211176 用户的用户线状态；

（3）如果前两步不能判断出故障点，可对用户进行相关测试。

用户测试包括用户电路测试（俗称内测）和用户线路测试（俗称外测），使用 452 或 518 命令。通常情况下，如果内测不能通过，则交换机侧相关电路板存在某些问题，可更换 ALCN（模拟用户电路板）等电路板；如果内测通过，则交换机侧正常，故障可能是由外线或用户话机引起的。此时需要对外线进行测试，测试报告会给出用户线路的电气性能参数，由此判断外线是否故障。维护人员根据测试结果进行处理，如果故障点判断为外线或话机，可进行外线维护或更换话机；如果故障点为局内用户电路，则需更换相关电路板。在更换故障电路板时，需对故障用 14 号命令进行诊断测试，再执行换板流程。

3. 故障的隔离和修复

换板过程主要涉及故障的精确定位、隔离和修复。设备中出现的故障大多为 SBL（安

全块）故障，故障的隔离和修复包括以下步骤：

（1）首先可用 39 号命令找出故障用户的装配位置，根据维护报告中的 RIT（替换件）标识（列、机架、分架、槽口）得出故障电路板 ALCN 等的具体位置；

（2）找出相关的 RBL（维修块）；

（3）用 7633 命令启动维修（隔离）；

（4）换板，换板过程有时允许热插拔，有时需要关电，这都会在维护报告中指明；

（5）更换备板后，用 7634 命令结束维修（修复）。

故障处理完毕后，维护人员可重新启动例测或诊断测试，以验证用户能否正常通话。

三、实践操作

维护人员在处理 3211176 用户电话无音的故障时，可按下列步骤完成任务。

1. 故障的识别

3211176 用户通过拨打服务电话报障，维护人员通过工单系统得知用户故障。

2. 故障的定位

（1）用 4296（DISPLAY-SUBSCR）命令显示 3211176 用户的数据。

```
<4296: DN=K' 3211176;
```

执行该命令后，S1240 交换机输出报告如图 4-2 所示。

```
DISPLAY SUBSCR                                        SUCCESSFUL


EN PHYS (LOG) / ENICONC   DN              A/I  MSN  GDN
———————————————————————   ————————       ———————————

H'1     (H'78F0) & 177     283211176       A



CHARGING METER : 95           0           84

SERVICES :

    SUBGRP  :  1
    SUBSIG  :  CBSET
    COL     :  ORDINARY
    OCB     :  PERM       NAT
    ...     :  ...

LAST REPORT          NO = 04263
```

图 4-2 显示用户数据输出报告 1

检查 3211176 用户数据，该用户话机类型为兼容话机 CBSET（即可采用音频和脉冲两种发号方式），呼叫权限为国内长途有权 NAT，用户设备号 EN=H'1&177（表示该用户线对应的安全块 SLIF 的 NA=H'1，NBR=177），用户数据设置没有问题。

如果交换机输出报告如图 4-3 所示，则说明该用户为空号（无 EN 号），需及时用 4291 命令为该用户开通业务，具体操作过程见用户数据配置部分。

```
DISPLAY SUBSCR                                           SUCCESSFUL

EN PHYS (LOG) / ENICONC  DN              A/I  MSN  GDN
─────────────────────────  ──────────────  ───  ───  ──────────
      (        ) &        283211176

LAST REPORT           NO = 04263
```

图4-3　显示用户数据输出报告2

由于3211176用户的数据设置没有问题，可以进一步显示该用户线的状态。

（2）用157（DISPLAY-LINE-STATUS）命令显示3211176用户的用户线状态。

① MML命令

　　＜157: DN1=K'3211176, STATE =ALL;

执行该命令后，S1240交换机输出报告如图4-4所示。

```
DISPLAY-LINE-STATUS                                     SUCCESSFUL
                                            FINAL RESULT  1 -
────────────────────────────────────────────────────────────────
  STATE = ALL
    FOR DN
    DN  3211176

  EXECUTION RESULT
    LCE    PCE      TN      DN            TYPE       DH-STATE
  ======  =====  =====  ==============  ========   ==========
  H'78F0  H'1     177    3211176        ANALOG DN  AVFREE
LAST REPORT           NO = 04305
```

图4-4　显示用户线状态输出报告

检查3211176用户处于有效空闲状态（AVFREE），需进一步判明外线是否正常。

② 关键参数

DN1：表示用户电话号码。

STATE=ALL：表示显示用户线的所有可能状态。

③ 说明

157命令可显示一条、一组或一千群用户线的所有状态或特定状态，它所显示的用户线状态是静止的，只表示当前时刻的状态。

显示一条用户线状态时，基本参数为DN1，表示用户电话号码，如DN1=K'3211141；

显示一组用户线状态时，基本参数为DN1和DN2，用来规定用户线的范围，如DN1=K'3211141，DN2=K'3211149表示3211141～3211149连续9个用户；

显示一千群用户线状态时，基本参数为DNT，表示千群号字冠，如DNT=K'3211表示3211000～3211999共1 000个用户。

④ 用户线状态

用户线的常见状态如表4-7所示，可以根据用户线状态初步判断故障点位置。

表4-7　　　　　　　　　　　　　　用户线常见状态

状　态	说　明	解 决 措 施
POWONL	用户线碰电源（过流）	进一步判明外线是否正常
AVFREE	有效空闲	进一步判明外线是否正常

续表

状　态	说　　明	解　决　措　施
UNAV	未用	7 号命令激活相应的 SMCL（用户模块公用逻辑，对应 ALCN 板）
AVBUSY	话务忙	7420 命令判断用户真忙/假忙，如假忙可用 6/7 号命令去活/初始化
PARKING	锁定（吊死）	用户话机未挂好

由于 3211176 用户当前时刻的状态为 AVFREE，所以需要进一步判明外线是否正常，可对用户进行相关测试，将故障定位在外线、话机或局内电路。

（3）对 3211176 用户进行测试。

用户线的测试可采用例行测试、人工测试以及诊断测试 3 种方法。

用户线的例测可分为 ROUT TEST（即用户电路板功能的测试）和 LINE TEST（即用户外线的测试）。用户外线的测试指从用户电路板后板连接的电缆开始，包括保安单元、用户电缆、用户下户线、话机的测试，被测设备 DEVTYPE 均为 ALCN。

人工测试主要测试模拟用户传输线和话机质量，该命令允许维护人员在有或没有用户的配合下完成对用户线路的测试。

诊断测试是对例测未通过的用户作进一步测试，系统会对未通过的测试段用"！"表明。

S1240 交换系统在对 ALCN 等设备进行测试时，需要测试资源 TAUC（测试存取单元）和 TSA（测试信号分析器）的支持，TAUC 位于 ASM 模块，TSA 位于 CTM 模块。TAUC 和 TSA 的好坏关系到测试能否进行，以及测试结果是否准确，因此必须保证 TAUC 和 TSA 正常。

① 3211176 用户的例测

例测可按周期安排，由系统自动调派；也可根据需要，临时安排对一个用户模块或一个、几个用户进行测试，测试段也可任意选择，此时用 452 命令即可。针对本次任务，首先进行外线测试。

● MML 命令

```
<452: DN=K'3211176, TESTCAT=LT;
```

执行该命令后，S1240 交换机输出报告如图 4-5 所示。

```
START-RT                                      SUCCESSFUL
--------------------------------------------------------
TESTCAT     = LT
DN          = 3211176
...

REPORT FOLLOWS        NO = 00367

SESSION REPORT                                SUCCESSFUL

REQUESTOR = OPERATOR                         FINAL REPORT
TESTNBR   = 202
DN        = 3211176
DEVTYPE   = ALCN
TSEGMENT  = ALL
...

NBR OF ELEMENTS OK               = 1
NBR OF ELEMENTS FAULTY           = 0
NBR OF ELEMENTS BUSY             = 0
NBR OF ELEMENTS OUT OF SERVICE   = 0
NBR OF ELEMENTS NOT TESTED       = 0
TOTAL NUMBER OF ELEMENTS         = 1

TEST RESULT = NORMAL END OF SEQUENCING

LAST REPORT           NO = 00156
```

图 4-5　用户外线例测输出报告

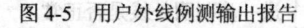

从测试的最终报告中可知，被测设备总数为 1 个，测试通过设备也为 1 个，因而可判定 3211176 用户外线无故障。

- 关键参数

TESTCAT=LT：表示测试类别为用户外线测试。

- 说明

该次测试中测试段 TSEGMENT=ALL，即测试系统规定的所有测试段。实测中也可以根据需要测试某几个段。在做 LT 时，可选择以下测试段。

TSEGMENT=1，测试 AB 线上的 AC+DC；

TSEGMENT=2，测试 AB 线的环阻、AB 线对地绝缘电阻、AB 线间电容以及 AB 线对地漏电容。

LT 测试的故障分析比较困难，一般可针对测试报告中的具体结果，加上维护人员的实际经验进行分析。在分析 LT 报告时，对有疑问的用户可用 518 命令进行复测。

在判定 3211176 用户无外线故障后，可对局内电路进行测试。

- MML 命令

```
<452: DN=K'3211176, TESTCAT=RT;
```

执行该命令后，S1240 交换机输出报告如图 4-6 所示。

```
START-RT                                          SUCCESSFUL

TESTCAT   =   RT
DN        =   3211176
...

REPORT FOLLOWS        NO = 00367

ROUTINE TEST                                  NOT SUCCESSFUL
...

TEX MAIN CODE = HARDWARE FAULT
...

REPORT FOLLOWS        NO = 00154

SESSION REPORT                                    SUCCESSFUL

REQUESTOR = OPERATOR                             FINAL REPORT
...

NBR OF ELEMENTS OK                = 0
NBR OF ELEMENTS FAULTY            = 1
NBR OF ELEMENTS BUSY              = 0
NBR OF ELEMENTS OUT OF SERVICE    = 0
NBR OF ELEMENTS NOT TESTED        = 0
TOTAL NUMBER OF ELEMENTS          = 1

TEST RESULT = NORMAL END OF SEQUENCING

LIST OF DEVICES WITH HARDWARE FAULT
   DEVTYPE   NA        NBR          REASON
   ALCN      H'0001    177&&177

LAST REPORT           NO = 00156
```

图 4-6　用户电路板例测输出报告

从测试报告中可知，测试未通过，存在硬件故障，故障设备为 3211176 用户线接口（NA=H'1，NBR=177 代表该用户的设备号），该故障位于 ALCN 板。至此，可再用诊断测试

对故障进行确认。

- 关键参数

TESTCAT=RT：表示测试类别为用户电路板功能测试。

- 说明

在做 RT 时，可测试所有段或选择以下测试段。

TSEGMENT=6，测试用户电路发端呼叫处理能力，如拨号音的振幅、频率、断续比以及入端的衰耗值；

TSEGMENT=7，测试用户电路作为终端的呼叫处理能力，如铃流的振幅、频率、截铃测试以及发端的衰耗值；

TSEGMENT=8，主要测试电路中平衡网络和不平衡网络的运行情况；

TSEGMENT=9，主要测试电路向外部送出计费脉冲的能力。

② 3211176 用户的人工测试

外线测试，除使用例测中的 LT 测试外，也可以使用人工测试 518 命令。

- MML 命令

```
<518: DN=K'3211176, VAL;
```

执行该命令后，S1240 交换机输出报告如图 4-7 所示。

```
REQ MANUAL TEST                                          SUCCESSFUL

NA       = H'0001       NBR = 177        DN = 3211176
DEVTYPE = ALCN
SBLTYPE = SLIF

TSEGMENT = 20               NBRLOOPS = 1           SEGMENT PASSED
MEASURED VALUES :
               POT DC              POT AC
A-B           7,50   MVOLT         36,50   MVOLT
A-GND     -   5,00   MVOLT         36,50   MVOLT
B-GND         2,00   MVOLT          1,00   MVOLT
               RES                 CAP
A-GND     >   5,00   MOHM         145,43   NFAR
B-GND     >   5,00   MOHM          12,18   NFAR
A-B       >   5,00   MOHM          13,65   NFAR

REF TO DIAL INPUT SEQ = 1893

REPORT FOLLOWS        NO = 04243

COMMAND ENTERED: EXE-REQ-MT                              SUCCESSFUL

FAST VERIFY (20)

UNIT UNDER TEST:
EN    = H'0001  & 177
DN    = 3211176
SUBSCRIBER TYPE = ANALOGUE

TEST COMMENTS:

  RESULT= TEST OK,        ENVIRONMENT      DIS-ESTABLISHED

LAST REPORT           NO = 00527
```

图 4-7 人工测试输出报告

从测试报告中可以看出，测试结果为"TEST OK"，说明用户外线无故障。如果用户不能通过测试，可进一步检查测试值（POT DC/AC、RES 和 CAP）来判断用户外线的故障。

- 关键参数

VAL：表示测量值的详细报告。

- 说明

需要注意的是，一般用户外线的环阻值变化很大，主要是由于用户话机到电信局距离不等、话机的程式不同等多种原因引起的，但可以通过掌握大量数据来帮助分析判断。

③ 3211176 用户的诊断测试

由于对 3211176 用户的局内电路进行 RT 测试时发现硬件故障，所以维护人员需对例测报告中列举的故障电路进行诊断测试，以便对故障进行确认。

- MML 命令

```
<14: SBLTYPE=SLIF, NA=H'1, NBR=177, WTC=0;
```

执行该命令后，S1240 交换机输出报告如图 4-8 所示。

```
DIAGNOSTIC TEST                                     NOT SUCCESSFUL
----------------------------------------------------------------
NA       = H'0001       NBR = 177        DN = 3211176
DEVTYPE = ALCN
SBLTYPE = SLIF
...

TSEGMENT = 23          NBRLOOPS = 1            HARDWARE FAULT
MEASURED VALUES :
DIAL TONE  ! - 100,00  DB    ! !     0,00  KHZ    !

LIST OF SUSPECTED RITS :
   RITTYPE            RITPOS :   ROW   RACK   SHELF   SLOT
   ALCN                           1    A      4      47

REF TO DIAL INPUT SEQ = 1901

REPORT FOLLOWS        NO = 00154

OPERATOR VERIFY                                     NOT SUCCESSFUL
REPORT ON INVOLVED SBLS
----------------------------------------------------------------
NA       = H'0001
SBLTYPE  = SLIF
NBR      = 177
WTC      = 0
GLOBAL RESULT = ACTION FAILED

ALARM RECORDS :

 NA = H'0001   ,  SLIF     NBR = 177 && 177 , IT    TO FIT

HISTORY RECORDS :

 ACTION REQUEST = START TEST
 NA = H'0001   ,  SLIF     NBR = 177 && 177
 DEVTYPE       = ALCN
 ACTION RESULT = HARDWARE FAULT

LAST REPORT        NO = 00052
```

图 4-8　诊断测试输出报告

从测试报告中可以看出，由于电路板故障，用户电路不能向 3211176 用户发送正常的拨号音，可以进行换板处理。

- 关键参数

SBLTYPE=SLIF：表示 SBL 类型为用户线接口。

WTC：等待话务清除。

- 说明

要完成一个诊断测试，需要若干硬件资源。在 S1240 交换机中使用的资源包括网络交换单元、TAUC 和 TSA。诊断测试的类型包括网络诊断、控制单元诊断、外部设备诊断、电话设备诊断和系统设备诊断。MMC 手册 SI14 中列出了对不同 SBL 进行诊断测试的所有测试段。诊断测试可使用所有的测试段、仅使用缺省的测试段或使用指定的若干测试段，如果测试失败，会在输出报告中说明其失败原因。

诊断测试常使用 14 号命令，它是 3 项基本操作的综合。系统在执行 14 号命令时，首先将对应的 SBL 置成退出服务状态，然后对其进行测试。如果测试成功，则初始化该 SBL；如果检测出某一故障存在，则将对应的 SBL 置成 FIT、FOS 或 FLT 状态。

3．故障的隔离和修复

故障的隔离和修复就是用备板替换 3211176 用户话机所连的故障 ALCN 板。3211176 用户经诊断测试后发现确有硬件故障，维护人员可用备板进行替换，此过程主要涉及 SBL 的维护。

更换 3211176 用户所连故障 ALCN 板的步骤大致如下。

（1）找出故障部分的替换件 RIT

此步骤的目的就是要找出 3211176 用户的装配位置。由于话机连接至 S1240 交换机的 ALCN 板，实际上就是要找替换件的位置。

① MML 命令

```
<39: SBLTYPE=SLIF, NA=H'1, NBR=177, OPTION=SBLRIT;
```

执行该命令后，S1240 交换机输出报告如图 4-9 所示。

```
TRANSLATE                                          SUCCESSFUL

NA        = H'0001
SBLTYPE   = SLIF
NBR       = 177
OPTION    = SBLRIT

  TRANSLATION SBL RIT
  RITTYPE   SUITE   RACK   SHELF   SLOT   HOT-INS   MAND
  ALCN      1       A      4       47     YES       YES

  NO CONVERTORS TO BE SWITCHED OFF AT REPAIR

LAST REPORT          NO = 00065
```

图 4-9　转换命令输出报告 1

从报告中可以看出，3211176 用户所连 ALCN 板位于本局 S1240 交换设备的 1 列 A 架 4 层 47 槽，HOT-INS=YES 表示该电路板支持热插拔功能，即换板时允许带电操作，不需关闭电源，MAND=YES 表示该电路板为必备电路板。

② 关键参数

39 号命令可实现 SBL 和 RIT、RBL 的转换，关键参数为 OPTION（显示任选方案），该参数赋值如下。

OPTION=SBLRIT，将 SBL 转换为机架上插件（RIT）的具体位置，有助于在维护时进

行硬件替换工作。

OPTION=SBLRBL，显示某特定 SBL 所对应的 RBL 内所有的 SBL 以及它们的状态。

OPTION=RITSBL，将 RIT 转换成 SBL，所显示的 SBL 可能部分或全部位于该 RIT 内，同时显示这些 SBL 的状态。

OPTION=RITRBL，将 RIT 转换成 RBL，即显示相应 RBL 内的所有 SBL。

③ 说明

此任务中，用户线对应的安全块类型为 SLIF（用户线接口），其标识参数 NA 和 NBR 可由前面所述的 4296 报告得出（EN=H'1&177）。

（2）进一步找出对应的维修块 RBL

此步骤的目的是为隔离故障 ALCN 板的用户做准备，由于一块 ALCN 板接 16 个用户，换板会影响其他 15 个正常用户的话务，为保证设备安全，需取消该电路板上的所有话务，这就是 RBL 的概念。

① MML 命令

```
<39: SBLTYPE=SLIF, NA=H'1, NBR=177, OPTION=SBLRBL;
```

执行该命令后，S1240 交换机输出报告如图 4-10 所示。

```
TRANSLATE                                           SUCCESSFUL

NA        = H'0001
SBLTYPE   = SLIF
NBR       = 177
OPTION    = SBLRBL

 TRANSLATION SBL RBL
  NA      SBLTYPE  SBLMIN   SBLMAX   STATE   DEVTYPE/CEFUNC
  H'0001  SMCL      23       23      IT      CLALCN

NO CONVERTORS TO BE SWITCHED OFF AT REPAIR

LAST REPORT              NO = 00065
```

图 4-10　转换命令输出报告 2

从报告中可以看出，对应维修块 RBL 为 SMCL（用户模块公用逻辑）。

② 关键参数

OPTION=SBLRBL：表示将 SBL 转换成 RBL。

（3）开始维修

当需要替换一块故障 PBA（如本任务中的 ALCN 板）时，先用 7633 命令将该 RIT 所对应的 RBL 置成 OPR 状态，再用备板替换故障 PBA。

① MML 命令

```
<7633: RIT=1&A&4&47, WTC=0;
```

执行该命令后，S1240 交换机输出报告如图 4-11 所示。

从报告中可以看出，相关 RBL 已由 IT 状态转换为 OPR 状态，此时可进行故障电路板的替换。

② 关键参数

RIT=1&A&4&47：表示替换件（此处为故障 PBA）的位置为 1 列 A 架 4 层 47 槽。
WTC：等待话务清除，WTC=0 表示话务立即切断。

```
OPERATOR REPAIR START                              SUCCESSFUL
REPORT ON INVOLVED SBLS
----------------------------------------------------------------
RIT       = 1 & A & 4 & 47
WTC       = 0
GLOBAL RESULT = ACTION SUCCESSFUL

ALARM RECORDS :

 NA = H'0001   ,   SMCL       NBR = 23 && 23 , IT    TO OPR

LAST REPORT               NO = 00052
```

图 4-11　启动维修命令输出报告

③ 说明

使用该命令时，必须指明替换件的位置，该位置信息可从第一步的 39 命令输出报告中获得。

（4）替换故障 ALCN 板

将故障 ALCN 板拔出，插入备板。此时应检查是否需要关闭 DC/DC 直流变换器（电源板）。由于在第一步的 39 命令输出报告中显示 HOT-INS=YES，所以不需要关电源；若 HOT-INS=NO，则不支持热插拔，换板时就应该先关电源，在这种情况下，还需要查找电源板对应的空气开关的位置。

（5）结束维修

当替换故障 ALCN 板完成后，维护人员使用 7634 命令将该 RIT 对应的 RBL 置成 IT 状态，以便相关 SBL 能处理话务。如果电源先前被关闭，则应首先打开电源。

① MML 命令。

    ＜7634：RIT=1&A&4&47；

执行该命令后，S1240 交换机输出报告如图 4-12 所示。

```
OPERATOR REPAIR END                                SUCCESSFUL
REPORT ON INVOLVED SBLS
----------------------------------------------------------------
RIT       = 1 & A & 4 & 47
GLOBAL RESULT = ACTION SUCCESSFUL

ALARM RECORDS :

 NA = H'0001   ,   SMCL       NBR = 23 && 23 , OPR   TO IT

LAST REPORT               NO = 00052
```

图 4-12　结束维修命令输出报告

从报告中可以看出，相关 RBL 已由 OPR 状态重新回到 IT 状态，此时 3211176 用户所在 ALCN 板上的 16 个用户都可以正常通信，3211176 用户电话无音现象解决。

当然，结束维修后，维护人员可重新启动例测或诊断测试，以证实电路是否完好。

② 关键参数。

RIT=1&A&4&47：表示替换件位置为 1 列 A 架 4 层 47 槽。

📖任务总结

1．按照维护目的的不同，S1240 交换机将维护功能分为预防性维护和修正性维护。

2．S1240 系统中常用维护工具有安全块 SBL、替换件 RIT 和维修块 RBL 等。

3．SBL 是由一组硬件电路与相关软件组成的，执行一系列电路功能的集合，若其中一个功能失效，则其余功能就不能再被系统使用。SBL 由 NA、SBLTYPE、NBR 三个参数来标识。

4．替换件 RIT 是维修时所需更换的最小硬件组合，RIT 可由列、架、层、槽标识。

5．维修块 RBL 是调换一个 RIT 时所必须退出工作状态的最小数量的 SBL。

6．S1240 交换机中，测试有诊断测试、例行测试、用户线路测试、中继测试 4 种方式。

习题

一、选择题

1．例行测试属于（　　）维护。

　　A．预防性　　　　　　　　B．修正性

2．在 S1240 交换机中，（　　）号命令可以定位故障单板的位置。

　　A．45　　　　　　　B．39　　　　　　　C．7633　　　　　　　D．7634

3．在 S1240 交换机中，用户外线测试不能采用（　　）。

　　A．例行测试（TESTCAT=LT）　　　　　B．诊断测试

　　C．例行测试（TESTCAT=RT）　　　　　D．人工测试

二、判断题

1．在 S1240 交换机的终端模块中，级别最高的安全块是 CTLE。（　　）

2．当 S1240 交换机某用户线处于通话状态时，不能对其进行例行测试。（　　）

3．诊断测试属于预防性维护手段，可自动或人工方式启动。（　　）

4．在 S1240 交换机中，当 SBL 处于"FIT"状态时，该 SBL 不能处理话务。（　　）

5．人工测试主要是测试模拟用户电路板的功能。（　　）

三、简答题

1．简述例行测试的特点。

2．简述 S1240 交换机中更换故障电路板的步骤。

任务 5 认识 SoftX3000

认识软交换设备是进行软交换系统安装、调试和维护工作之前的必须环节。通过此任务的学习，学生可以了解 NGN 和软交换的概念，熟悉 NGN 网络的体系结构和组网协议，掌握 SoftX3000 的硬件结构，为后期工作奠定基础。

📖任务目的

1. 了解 NGN 和软交换的概念；
2. 熟悉 NGN 网络的体系结构和组网协议；
3. 了解 NGN 网络的业务；
4. 掌握 SoftX3000 的硬件组成及功能。

📖任务资讯

5.1 NGN 网络产生背景和概念

目前电信业务发展迅猛，以互联网为代表的新技术革命正在深刻地改变着传统电信的概念和体系，电信界正面临着一场百年未遇的巨变，其特点如下。

（1）新业务层出不穷，数据业务快速发展，数据业务量迅速膨胀。在一些经济发达国家，数据业务量已经超过语音业务量。

（2）新的语音压缩技术已经可以将语音信号压缩在低于 64 kbit/s 的信道上传递。这种技术已经在 IP 电话、2G 和 3G 移动通信系统中得到广泛应用。未来网络的带宽资源将主要用于数据业务，而语音业务则可用固定不变的甚至更少的带宽。

（3）计算机技术的发展和计算机互联需求的增加，使得基于 IP 或 ATM 的分组交换数据网日益发展壮大，这种分组交换网适合各种类型信息的传送，而且网络资源利用率高。

传统的基于 TDM 的 PSTN 语音网，虽然可以提供速率为 64 kbit/s 的业务，但业务和控制都是由交换机来完成的。这种技术虽然保证语音有优良的品质，但对新业务的提供需要较长的周期，面对日益竞争的市场显得力不从心。

相对于语音通信，基于 IP 的网络通信有着令人难以置信的增长速度，其占用带宽的增

加速度比语音通信高得多。IP 通信的高速增长推动着传输和分组交换技术的进步，密集波分复用（DWDM）技术使光纤的通信容量大大增加，也提高了核心路由器的传输能力。这些技术反过来又降低了 IP 通信传输和交换的成本。在 IP 网络上开展语音业务同样可以降低成本。因此，分组语音业务得到迅猛发展。

综上所述，基于 TDM 的 PSTN 语音网必将和分组交换数据网融合，形成可以传递语音和数据等综合业务的下一代网络。下一代网络（Next Generation Network，NGN）的概念可分为广义和狭义两种。

从广义上讲，NGN 泛指一个不同于当前一代的、大量采用新技术，在 IP 网基础上融合传统电信网、电视网，同时支持语音、数据和多媒体业务的融合网络。

下一代网络包含下一代传送网、下一代接入网、下一代交换网、下一代互联网和下一代移动网。下一代传送网以自动交换光网络（Automatically Switched Optical Network，ASON）为基础；下一代接入网是指多元化的宽带接入网；下一代交换网指网络的控制层面采用软交换或 IP 多媒体子系统（IP Multimedia Subsystem，IMS）作为核心架构；下一代互联网将以 IPv6 为基础；下一代移动网是指以 3G 和 4G 为代表的移动网络。

从以上 5 个方面可以看出，NGN 涉及的内容十分广泛，它包含了从用户驻地网、接入网、城域网、干线网到各种业务网的所有层面，NGN 是在现有网络基础上的平滑过渡。

从狭义上讲，下一代网络特指以软交换设备为控制核心，能够实现语音、数据和多媒体业务的开放的分层体系架构。

5.2　软交换的概念、功能和特点

软交换的概念最早起源于美国企业网应用。在企业网络环境下，用户可采用基于以太网的电话，再通过一套基于 PC 服务器的呼叫控制软件（Call Manager、Call Server），实现PBX 功能（IP PBX）。受到 IP PBX 成功的启发，将传统的交换设备部件化，分为呼叫控制与媒体处理，两者之间采用标准协议。呼叫控制实际上是运行于通用硬件平台上的纯软件，媒体处理将 TDM 媒体流转换为基于 IP 的媒体流，于是 SoftSwitch（软交换）技术应运而生，成为了 NGN 的核心技术。

软交换的基本含义就是将呼叫控制功能从媒体网关中分离出来，通过软件实现基本呼叫控制功能，从而实现呼叫传输与呼叫控制的分离，为控制、交换和软件可编程功能建立分离的平面。软交换主要提供连接控制、翻译和选路、网关管理、呼叫控制、带宽管理、信令、安全性和呼叫详细记录等功能。与此同时，软交换还将网络资源、网络能力封装起来，通过标准开放的业务接口和业务应用层相连，可方便地在网络上快速提供新的业务。

从广义上讲，软交换是指以软交换为控制核心的软交换网络，包括接入层、传输层、控制层及业务层，通常称为软交换系统。从狭义上讲，软交换仅指位于控制层的软交换设备。

软交换的主要设计思想是业务与控制分离、传送与接入分离，各实体之间通过标准的协议进行连接和通信。软交换的主要功能包括以下几方面，如图 5-1 所示。

97

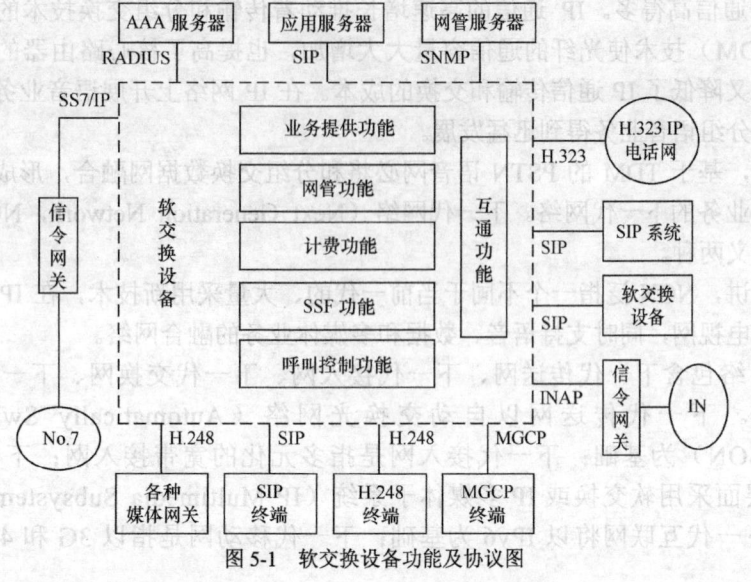

图 5-1　软交换设备功能及协议图

1．呼叫控制功能

软交换设备可以为呼叫的建立、维持和释放提供控制功能，包括呼叫处理、连接控制、智能呼叫触发检测和资源控制等。

2．业务提供功能

软交换设备能够提供 PSTN/ISDN 交换机提供的业务，包括基本业务和补充业务；与现有智能网配合，提供现有智能网所能提供的业务；与第三方合作，提供多种增值业务和智能业务。

3．业务交换功能

软交换设备与网关设备配合能提供智能网中 SSP（业务交换点）的功能，该功能可实现与智能网 SCP（业务控制点）的通信，使软交换用户可以享受原智能网业务。

4．协议转换功能

软交换是一种开放、多协议的实体，必须采用标准协议与各种媒体网关、终端和网络进行通信，这些协议包括 H.248、SCTP、ISUP、TUP、INAP、H.323、SNMP、SIP、M3UA、MGCP、BICC 等。

5．互连互通功能

软交换可通过各种网关与标准协议实现与现有 7 号信令网、智能网、IP 电话网、PSTN网、其他软交换的互连互通。

6．资源管理功能

软交换应能提供资源管理功能，对它所管辖范围内的各种资源进行集中管理，如资源的分配、释放和控制等，这里的资源指的是为实现端到端之间的通话所需要的诸如端口、线路、带宽、媒体等各种硬件资源。

7．计费功能

软交换应具有采集详细话单和复式计次的功能，可根据运营需求将话单传送至计费中心，同时具备智能计费功能。对于新型的多媒体业务，软交换还可以按流量（字节数）来计费。

8．认证与授权功能

软交换设备能够支持本地鉴权认证功能，可以对其管辖区内的用户、媒体网关和智能终

端进行认证与授权，以防止非法用户或设备的接入。

9．地址解析功能

软交换设备可以完成 E.164 地址至 IP 地址、IP 地址之间的互相转换，并能够根据转换后的结果进行选路。

10．语音处理控制功能

软交换控制媒体网关可选择语音压缩算法（包括 G.729、G.723 等），采用回波抵消技术以减少回声；还可向媒体网关提供语音包缓存区，减少抖动对语音质量的影响。

11．操作维护功能

操作维护系统是软交换设备中负责系统的管理和操作维护的部分，是用户使用、配置、管理、监视软交换的工具。软交换设备支持 SNMP 配置管理、脱机/在线配置、远程配置等多种配置管理方式，提供数据备份功能、提供命令行和图形化界面两种方式对整机数据进行配置、提供数据升级功能等。软交换设备具备完善的故障管理和安全管理功能，能够提供业务统计功能。

12．与移动业务相关的功能

软交换设备应具备移动交换局能提供的相关功能，包括用户鉴权、位置查询、号码解析及路由分析、呼叫控制、业务提供和计费等功能。

由此可见，软交换设备是多种逻辑功能实体的集合，是下一代网络中语音/数据/视频业务呼叫、控制、业务提供的核心设备，也是目前电路交换网向分组数据网演进的主要设备之一。

与传统网络相比，软交换网络具有以下特点。

1．基于分组

软交换网络基于 ATM 或 IP 分组网进行传送，接入方式及各种业务的个性都被屏蔽，信息全部被转换成统一的分组形式进行传送及处理，将三网融合推进到实质性阶段。软交换网络最主要的特点就是核心网从单业务网转成多业务网。

2．开放的体系架构

软交换网络中不同部件之间采用开放的接口，而且还对外提供 Open API，实现了接口标准化、部件独立化，开放的网络接口设置可以满足人们的业务需求。

软交换网络中，部件之间采用标准协议。例如：媒体网关控制器（或软交换）与媒体网关之间采用 MGCP、H.248、H.323 或 SIP；媒体网关控制器之间采用 BICC、H.323 或 SIP-T 等。接口标准化可以降低部件之间的耦合，各部件可以独立演进，而网络形态可以保持相对稳定，业务的延续性有一定保障。部件独立化可以简化系统，促进专业化社会分工和充分竞争，优化资源配置，进而降低社会成本。

3．业务与呼叫控制分离

业务是网络用户的需求，需求的无限性决定了业务将是无限和不收敛的。如果将业务与呼叫集成在一起，则呼叫的规模和复杂度也必将是无限的，无限的规模和复杂度是不可控和不安全的。事实上，呼叫控制相对于业务而言是相对稳定和收敛的，软交换网络将呼叫控制从业务中分离出来，可以保持网络核心的稳定和可控，通过业务服务器（Application Server）的方式不断延伸用户的需求。

4．控制与承载分离

控制与承载分离的最大好处是，承载可以重用现有分组网络（ATM/IP）。就成本和效益而言，这可以大大降低运营商的初期设备投资成本，对现有网络挖潜增效，提高现有分组网络的利用率；就容量而言，重用现有分组网络，其容量经过多年的投资，部分地区容量已经

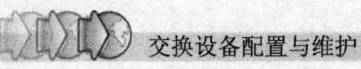

存在一定冗余；就可靠性而言，网络单点或局部故障对 NGN 网络没有影响或影响有限。

由于在传输层上采用现有分组网络，因此现有分组网络上的业务能够得到充分继承。另外，承载采用分组网络，NGN 可以很好地与现有分组网络实现互连互通，结束原 PSTN 网络、DDN 网络、HFC 网络和计算机网络等孤岛隔离、独自运营的状况。再者，不同域的互连互通，也必将从中衍生出一些在单一媒体上无法开展的新业务，如 WECC、PINT、SPIRITS 业务等。

控制与承载以标准接口分离，可以简化控制，让更多的中小企业参与竞争，打破垄断，降低运营商采购成本。

5.3　NGN 网络体系结构

NGN（Next Generation Network）是一种业务驱动型网络，它采用综合、开放、融合的网络架构，通过业务与呼叫控制完全分离、呼叫控制与承载完全分离，从而实现相对独立的业务体系，使业务独立于网络。基于软交换技术的 NGN 网络在功能上可分为接入层、传输层、控制层和业务/应用层，其结构如图 5-2 所示。

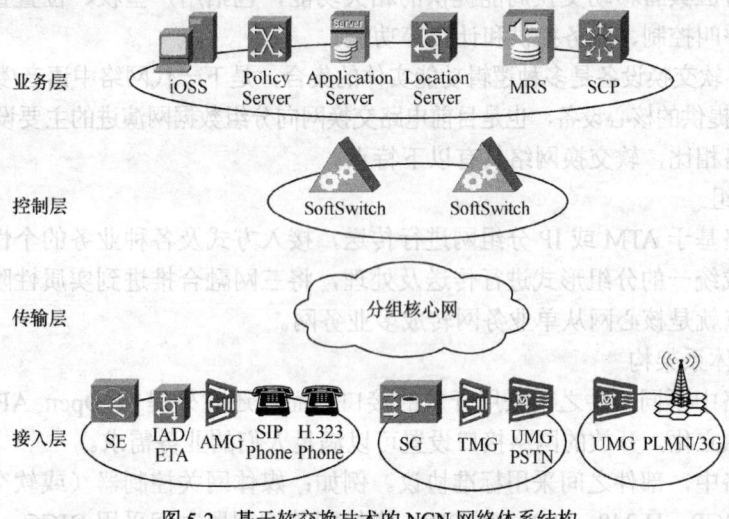

图 5-2　基于软交换技术的 NGN 网络体系结构

5.3.1　接入层

接入层通过各种接入手段将各类用户或终端连接至网络，并将其信息格式转换成为能够在分组网络上传递的信息格式。

（1）信令网关（Signaling Gateway，SG）：是连接 No.7 信令网与 IP 信令网的设备，主要完成公用交换电话网（Public Switched Telephone Network，PSTN）侧的 No.7 信令与 IP 网侧的分组信令的转换功能。

（2）中继媒体网关（Trunk Media Gateway，TMG）：是位于电路交换网与 IP 分组网之间的网关，主要完成 PCM 信号流与 IP 媒体流之间的格式转换。

（3）接入媒体网关（Access Media Gateway，AMG），也称 UA（Universal Access Unit），用于为各种用户提供多种类型的业务接入，如模拟用户接入、ISDN 用户接入、V5 用户接入、xDSL 接入等。

（4）通用媒体网关（Universal Media Gateway，UMG）：主要完成媒体流格式转换与信

令转换功能，具有 TMG、内嵌 SG、UA 等多种用途，可用于连接 PSTN 交换机、PBX、接入网、NAS（网络接入服务器）、基站控制器等多种设备。

（5）综合接入设备（Integrated Access Device，IAD）：属于 NGN 体系中的接入层设备，用于将用户终端的数据、语音及视频等业务接入到分组网络中，其用户端口数一般不超过 48 个。

（6）SIP Phone：SIP 电话，一种支持 SIP 的多媒体终端设备。

（7）H.323 Phone：H.323 电话，一种支持 H.323 协议的多媒体终端设备。

5.3.2　传输层

传输层主要完成数据流（媒体流和信令流）的传送，其实质就是 NGN 网的承载网络，用来将接入层中的各种媒体网关、控制层中的软交换设备、业务应用层中的各种服务器平台等各个网元连接起来。传输层采用分组技术，提供一个高可靠性的、提供 QoS（Quality of Service）保证的、大容量的、统一的综合传送平台，可以采用 IP 或 ATM 网络。由于 IP 网能够同时承载语音、数据、视频等多种媒体信息，同时具有协议简单、终端设备对协议的支持性好且价格低廉的优势，因此 NGN 网一般选择了 IP 网作为承载网络，主要由骨干网、城域网各设备（如路由器、三层交换机等）组成。软交换网络中，各网元之间均是将各种控制信息和业务数据信息封装在 IP 数据包中，通过传输层的 IP 网进行通信。

5.3.3　控制层

控制层实现呼叫控制，其核心技术是软交换技术，用于完成基本的实时呼叫控制和连接控制功能。软交换设备 SoftSwitch 是 NGN 的核心设备，主要完成呼叫控制、媒体网关接入控制、资源分配、协议处理、路由、认证（鉴权）、计费等功能，并可向用户提供基本语音业务、多媒体业务以及 API 接口。

5.3.4　业务层

业务层用于在呼叫建立的基础上提供附加的增值业务以及运营支撑功能，业务层的主要设备包括以下内容。

（1）综合运营支撑系统（Integrated Operation Support System，IOSS），包括统一管理 NGN 设备的网管系统和融合计费系统。

（2）策略服务器（Policy Server），用于管理用户的 ACL（Access Control List）、带宽、流量、QoS 等方面的策略。

（3）应用服务器（Application Server），负责各种增值业务和智能网业务的逻辑产生和管理，并且还提供各种开放的 API（Application Programming Interface）接口，为第三方业务的开发提供创作平台。应用服务器是一个独立的组件，它与控制层的软交换设备无关，从而实现了业务与呼叫控制的分离，有利于补充业务的引入。

（4）位置服务器（Location Server），用于动态管理 NGN 内各软交换设备之间的路由，指示电话目的地的可达性，并保证呼叫路由表的最佳效率，防止路由表过大和不实用，减少路由的复杂度。

（5）媒体资源服务器（Media Resource Server，MRS），用于提供基本和增强业务中的媒体处理功能，包括业务音提供、会议、交互式应答（IVR）、通知、高级语音业务等。

（6）业务控制点（Service Control Point，SCP），是传统智能网的核心构件，它存储用户

数据和业务逻辑。SCP 根据 SSP 上报来的呼叫事件启动不同的业务逻辑，根据业务逻辑查询业务数据库和用户数据库，然后向相应的 SSP 发出呼叫控制指令，以指示 SSP 进行下一步的动作，从而实现各种智能呼叫。

5.4 NGN 网络组网协议

NGN 网络是一个开放的、多协议体系，软交换设备、媒体网关、信令网关、终端之间采用标准协议进行通信。NGN 网络涉及协议非常多，包括 H.248、SCTP、ISUP、TUP、INAP、H.323、RADIUS、SNMP、SIP、M3UA、MGCP、BICC、PRI、BRI 等。国际上，IETF、ITU-T、SoftSwitch Org 等组织对软交换及协议的研究工作一直起着积极的主导作用，许多关键协议都已制定完成。这些协议规范了整个软交换的研发工作，使各厂家之间产品互通成为可能，从而真正实现软交换产生的初衷，即提供一个标准、开放的系统结构，各网络部件可独立发展。

NGN 网络接口协议如图 5-3 所示，按照协议的功能，我们将系统中的协议大致分为以下 3 类。

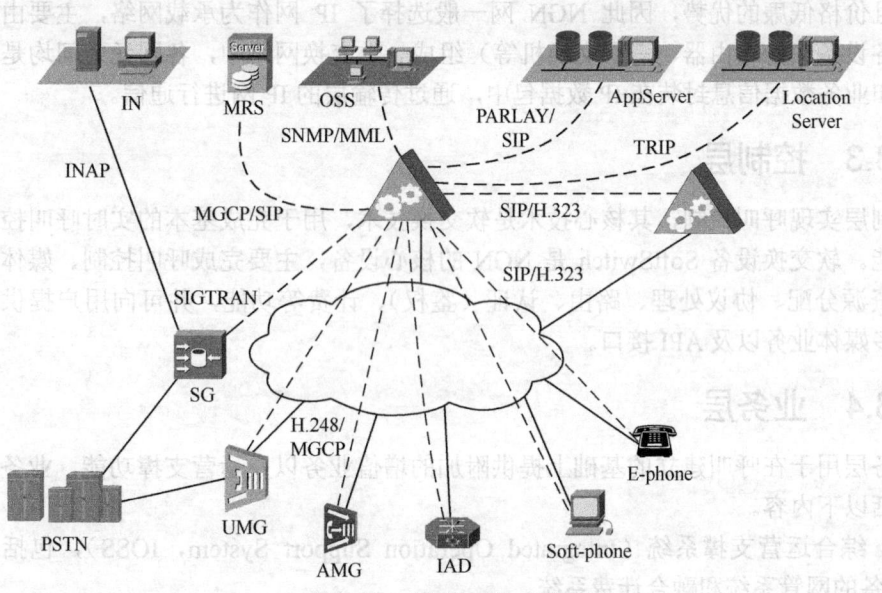

图 5-3　NGN 网络的接口协议

（1）媒体网关控制协议，用于媒体网关控制器控制媒体网关，如接入网关 AG、中继媒体网关 TG 等。

（2）呼叫控制协议，用于控制呼叫过程建立、接续、中止的协议。

（3）信令传输协议，为软交换提供信令传输业务。

5.4.1　媒体网关控制协议

随着 IP 电话体系分离出媒体网关和媒体网关控制器，出现了媒体网关控制协议，主要有 MGCP 和 H.248 协议。媒体网关控制协议对于 NGN 体系的分层结构起到了至关重要的作用，使控制层和接入层得以分离，软交换设备和网关设备之间依靠媒体网关控制协议紧密联系，实现业务接入和呼叫控制。

1．MGCP

MGCP（媒体网关控制协议）假定一种呼叫控制结构，在该结构中，呼叫控制功能独立在网关外并由外部呼叫控制单元处理，从本质上说，MGCP 是一个主/从协议，网关需要执行媒体网关控制器发出的命令。

2．H.248/MeGaCo 协议

H.248/MeGaCo 协议是 MGCP 的后继协议和最终替代者，也属于主/从控制协议，用于 MGC 控制媒体网关建立、拆除媒体连接、进行媒体转换、产生呼叫控制过程中的各种信号和处理各种呼叫相关的事件等，从而实现语音等媒体在分组网上传送。

与 MGCP 相比，H.248 协议可以支持更多类型的接入技术并支持终端的移动性，除此之外，H.248 协议最显著之处在于能够支持更大规模的网络应用，而且更便于对协议进行扩充，因而灵活性更强，已逐渐取代 MGCP 发展成为媒体网关控制协议的标准。

H.248 协议在 NGN 中的典型应用如图 5-4 所示。软交换设备 SoftSwitch 通过 H.248 协议与中继网关 TG 通信。SoftSwitch 通过 H.248 协议功能控制中继网关中的 ISUP 中继。

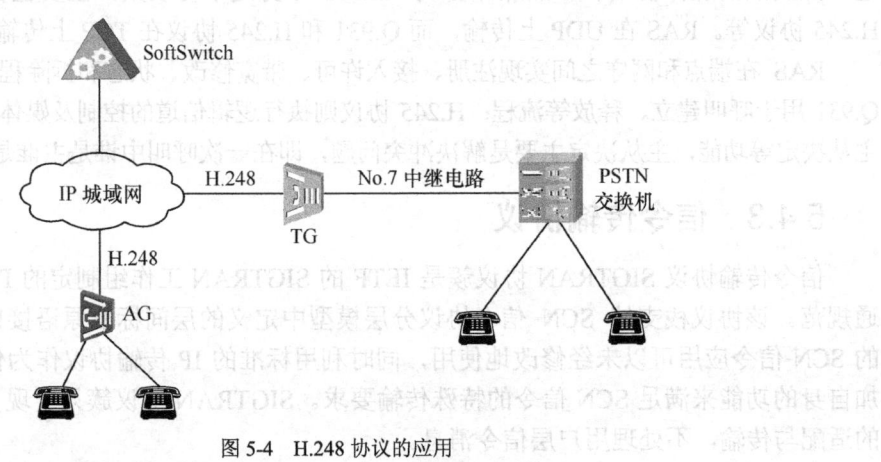

图 5-4　H.248 协议的应用

5.4.2　呼叫控制协议

呼叫控制协议用于智能终端和软交换、软交换和软交换之间，目前在 NGN 网络中呼叫控制协议主要采用 SIP、H.323 协议等。

1．SIP

会话启动协议 SIP 是由 IETF 提出并主持研究的一个在 IP 网络上进行多媒体通信的应用层控制协议，它被用来创建、修改和终结一个或多个参加者参加的会话进程。

SIP 采用基于文本格式的客户机/服务器方式，客户机发起请求，服务器进行响应。SIP 独立于低层的 TCP、UDP 或 SCTP，而采用自己的应用层可靠性机制来保证消息的可靠传送。SIP 具有简练、开放、兼容和可扩展等特点，支持传统公用电话网的各种业务，包括 IN 业务和 ISDN 业务。

SIP 在 NGN 中的典型应用如图 5-5 所示。其中软交换设备 SoftSwitch 通过 SIP 中继与其他软交换系统互通，以及与其他 SIP 域设备（SIP Phone、SIP SoftPhone 等）互通，实现它们之间的呼叫控制功能。

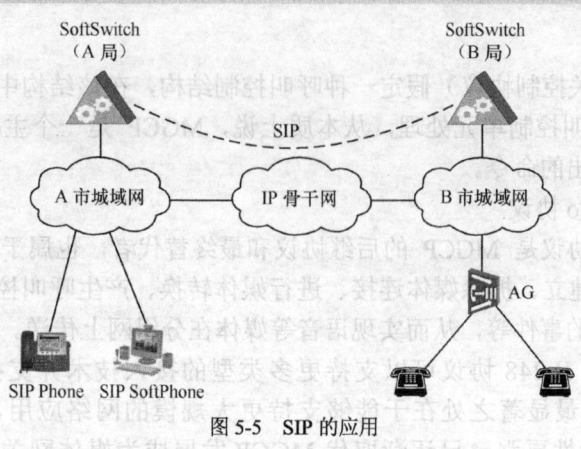

图 5-5　SIP 的应用

2. H.323 协议

H.323 是提供多媒体业务的通信控制协议，呼叫控制是其中的重要组成部分，它可用来建立点到点的媒体会话和多点媒体会议。H.323 本身是个协议集，主要包含 RAS、Q.931 和 H.245 协议等。RAS 在 UDP 上传输，而 Q.931 和 H.245 协议在 TCP 上传输。

RAS 在端点和网守之间实现注册、接入许可、带宽修改、状态和拆除程序；呼叫控制协议 Q.931 用于呼叫建立、释放等流程；H.245 协议则执行逻辑信道的控制及媒体格式的协商，具有主从决定等功能，主从决定主要是解决冲突问题，即在一次呼叫中谁是主谁是从。

5.4.3　信令传输协议

信令传输协议 SIGTRAN 协议簇是 IETF 的 SIGTRAN 工作组制定的 PSTN 信令与 IP 互通规范。该协议栈支持 SCN 信令协议分层模型中定义的层间标准原语接口，从而保证已有的 SCN 信令应用可以未经修改地使用，同时利用标准的 IP 传输协议作为传输底层，通过增加自身的功能来满足 SCN 信令的特殊传输要求。SIGTRAN 协议簇只实现 SCN 信令在 IP 网的适配与传输，不处理用户层信令消息。

SIGTRAN 协议簇从功能上可分为两大类。

第一类是通用信令传送协议。通用信令传送协议实现 PSTN 信令在 IP 网上高效、可靠的传输，目前采用 IETF 制定的 SCTP 流控制传输协议。

第二类是 PSTN 信令适配协议。该类协议主要是针对 SCN 中现有的各种信令协议制定的信令适配协议，包含 M2UA、M3UA、IUA 和 V5UA 等。

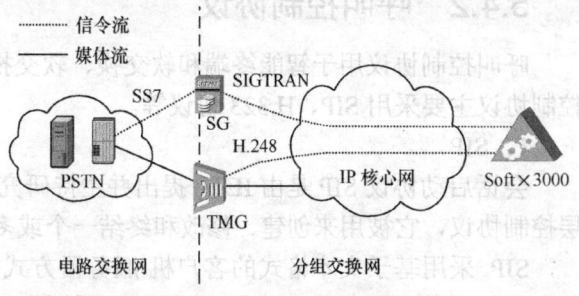

图 5-6　SIGTRAN 协议的应用

SIGTRAN 协议在 NGN 中的典型应用如图 5-6 所示。软交换设备 SoftSwitch 通过 SIGTRAN 协议与信令网关 SG 通信，以保证 7 号信令在 IP 网络中可靠传输。

5.5　NGN 网络业务

NGN 基于现有的 TDM 网络语音业务发展的需要，又结合 IP 网络灵活的特点，在业务

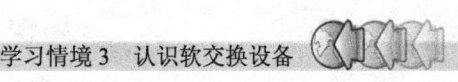

提供方面具有灵活、高效的特点。NGN 网络主要可以提供以下内容的业务。

1. 传统电话业务

NGN 网络不仅完全满足原有 PSTN 网络中用户对业务的要求，还向新的 VoIP 用户提供同样丰富、灵活的语音业务及其补充业务。这些业务通常包括基本业务、呼叫显示、呼叫限制、连接安全、计费、虚拟用户交换机 Centrex、呼叫前转、呼叫处理。

除了本地的语音通信，NGN 还可以提供电信级的长途 VoIP 语音通信业务。对于 NGN 网络新引入的接入网关用户、综合接入设备 IAD 用户、IP 话机和软终端也可以享受与 PSTN 用户一致的基本语音业务性能。

2. 智能网业务

NGN 网络通常通过两种方式提供智能网业务。软交换设备本身作为集中的智能控制单元，可以在集中提供呼叫控制功能的同时提供业务控制功能，即软交换设备除了作为 MGC 外，还兼做智能网中的 SCP。目前，主流软交换设备厂商开发的软交换设备通常支持虚拟网络业务（VPN）、呼叫卡业务（300、800 卡类业务）、号码翻译业务、大众呼叫业务和最少路由花费业务等智能网业务。

软交换设备本身还支持标准的 INAP，从而可实现与已有或跨域的智能网 SCP 互通，即软交换设备相当于智能网中的 SSP。这样，软交换用户就能享受现有的智能网业务，并且可以提供全网范围内的智能网业务。

3. IP Centrex 业务

在 NGN 网络环境下，软交换设备提供 IP Centrex 的业务性能，在客户端不需要 PBX 设备。IP Centrex 业务分为基本业务、补充业务、广域 Centrex 业务、IP 话务台和 IP 超市等。

IP Centrex 可为用户提供群内呼出、群外呼出、群内呼入、群外呼入、紧急呼叫、区别振铃等基本业务，这些基本业务是通过对 IP Centrex 用户数据的设置来实现的。

IP Centrex 业务除支持普通用户所具有的基本业务、补充业务以外，还支持 IP Centrex 用户所特有的各种补充业务，如同群共享的缩位拨号、注册为话务员、群内指定代答、群外来话时的呼叫前转、无条件前转话务台、免打扰前转话务台、遇忙前转话务台、无应答前转话务台、话务员监听、话务员插入、话务员强拆、同组代答、呼入前转、群内呼叫前转、呼入转移、群内呼叫转移等。

4. PINT 业务

PINT（PSTN Internet Interfaces）业务是 PSTN 与 Internet 相融合的业务，在传统网络中 PINT 业务主要是通过智能网来实现。NGN 网络中实现的 PINT 业务包括网页拨号、网页 800 号、虚拟电子贺卡、互联网上的呼叫等待、同步网页浏览、企业电话号码簿、超级聊天室、带回呼的电子 E-mail、Office 通信组件、超级代答等。

5. SIP 多媒体业务

在 NGN 网络中，可以提供基于 SIP 的多媒体视频业务，既包括基于软件视频终端的业务，也包括基于硬件的视频业务。另外，还可以通过 SIP CPL（Call Processing Language）应用服务器创建来话拒绝 E-mail 通知、计时呼叫转移、呼叫转移、呼叫转移到电子邮箱、基于时间的呼叫处理、远程投票等业务。

📖任务实施

一、任务描述

前面我们介绍了软交换的基本原理，在实际通信网中，常用的软交换设备种类较多，如华为 SoftX3000 软交换设备、中兴 ZXSS10 SS1a 和 ZXSS10 SS1b 软交换设备等。不同公司生产的软交换设备虽然具体组成不尽相同，但其基本原理都是相同的。

本任务通过华为 SoftX3000 软交换设备的学习，认识软交换设备的硬件和软件结构，掌握软交换设备的硬件构成。

二、实践操作

（一）认识 SoftX3000 软交换设备

华为 SoftX3000 软交换系统是大容量软交换设备，它采用先进的软、硬件技术，具有丰富的业务提供能力和强大的组网能力，主要应用于 NGN 网络的控制层，完成基于 IP 分组网络的语音、数据、多媒体业务的呼叫控制和连接管理等功能。

1．丰富的业务提供能力

SoftX3000 不仅全面继承传统 PSTN、智能网的各项业务能力，而且还提供基于 NGN 网络架构的各项增值业务，具有丰富的业务提供能力。

2．强大而灵活的组网能力

SoftX3000 提供开放、标准的协议接口，不仅支持 MGCP、H.248、SIP、H.323、SIGTRAN 等信令或协议，而且还支持 No.7、No.5、R2、DSS1、V5 等传统 PSTN 信令，具有强大而灵活的组网能力。

3．大容量、高集成度

SoftX3000 采用先进的硬件、软件设计技术，不仅具有模块化的硬件结构，而且具有大容量特性和电信级的高处理能力。SoftX3000 在满配置的情况下，仅需安装 5 个机柜，不仅设备占地面积小，而且运行功耗低（小于 12 kW）。单个业务处理模块（FCCU）的 BHCA 值最大为 400k，可处理 9 000 TDM 中继或 5 万用户的呼叫。在满配置的情况下，SoftX3000 最多可支持 40 个业务处理模块，系统 BHCA 值达 16 000k，最大可支持 36 万 TDM 中继或 200 万等效用户。

4．高可靠性

为确保系统的高可靠性，SoftX3000 在硬件设计、软件设计、系统过载控制和计费系统等诸多方面采取了大量的措施。

（1）硬件设计：广泛采用单板的主备份、负荷分担、冗余配置等可靠性设计方法，并通过优化单板和系统的故障检测及隔离技术提高系统的可维护性。

（2）软件设计：采用分层的模块化结构，软件设计具有防护性能、容错能力、故障监视等功能。

（3）系统过载控制：提供 4 级过负荷限制、话务控制等多种过负荷控制机制，充分保障系统的可靠性。

（4）计费系统：SoftX3000 的计费网关为华为公司开发的 iGWB 服务器，iGWB 采用双

机热备份系统，可实现话单数据的双备份和海量存储。

SoftX3000 系统的 MTBF（平均故障间隔时间）达到 53 年，年平均中断时间仅为 0.89min。

5. 高安全性

NGN 是一个开放分布式网络，它通过开放式的协议和接口可与各种 NGN 网络部件对接，组网应用十分灵活。但是，由于 IP 网络无缝连接的特点，这种开放性也带来了不可避免的网络安全问题。SoftX3000 具有完善的安全性设计，可有效防止恶意攻击、非法注册、匿名呼叫、窃听、盗用账号等非法行为，确保网络和用户的安全。

6. 平滑的扩容能力

SoftX3000 在硬件设计和系统处理能力设计方面均充分地考虑了用户未来的扩容需要，具有平滑的扩容能力。

（1）硬件设计：SoftX3000 采用 OSTA（Open Standards Telecom Architecture Platform）平台作为硬件平台，该平台具有模块化的叠加结构，用户通过积木式的机框扩展（框间通过 LAN Switch 互连），可在 1～18 框之间任意配置，充分满足平滑扩容的需求。

（2）系统处理能力：SoftX3000 设计的 BHCA 值高达 16 000k，为将来的业务扩展留有充足的空间，可以充分满足用户不断增长的业务或扩容需求。

7. 完善的计费能力与话单管理功能

SoftX3000 具有完善的计费能力，不仅支持对语音、数据和多媒体等各种业务进行计费，提供多种计费方式与话单类型，而且还提供了完善的话单管理功能。

8. 优良的性能统计功能

SoftX3000 提供优良的性能统计（业务统计）功能，支持多种测量指标与灵活的测量任务，采用列表和图形等多种方式显示性能数据，实时性强，可充分反映设备的业务负荷信息与运行状况。

（二）SoftX3000 系统结构

1. 硬件物理结构

SoftX3000 采用 OSTA 平台作为硬件平台，OSTA 平台采用 19 英寸宽、9U 高的标准机框结构，框内单板采用前后对插的方式进行安装，前后共 21 对槽位，统一后出线，如图 5-7 所示。

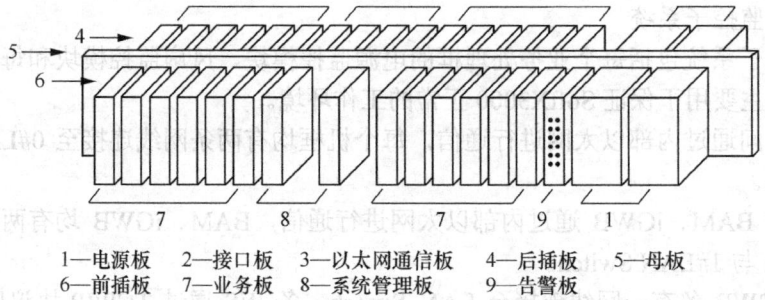

1—电源板　2—接口板　3—以太网通信板　4—后插板　5—母板
6—前插板　7—业务板　8—系统管理板　9—告警板

图 5-7　OSTA 机框总体结构示意图

在 SoftX3000 的 OSTA 机框中，前插板由业务板、系统管理板、告警板组成，后插板由接口板、以太网通信板组成，电源板则前后均可安装。系统管理板、以太网通信板、告警板、电源板为机框的固定配置，分别安装在固定的槽位，占用 9 个标准单板插槽的宽度；剩余的 12 个插槽则用于安装业务板与接口板。

SoftX3000 硬件物理结构可分为业务处理子系统、维护管理子系统和环境监控子系统 3 个部分，如图 5-8 所示。

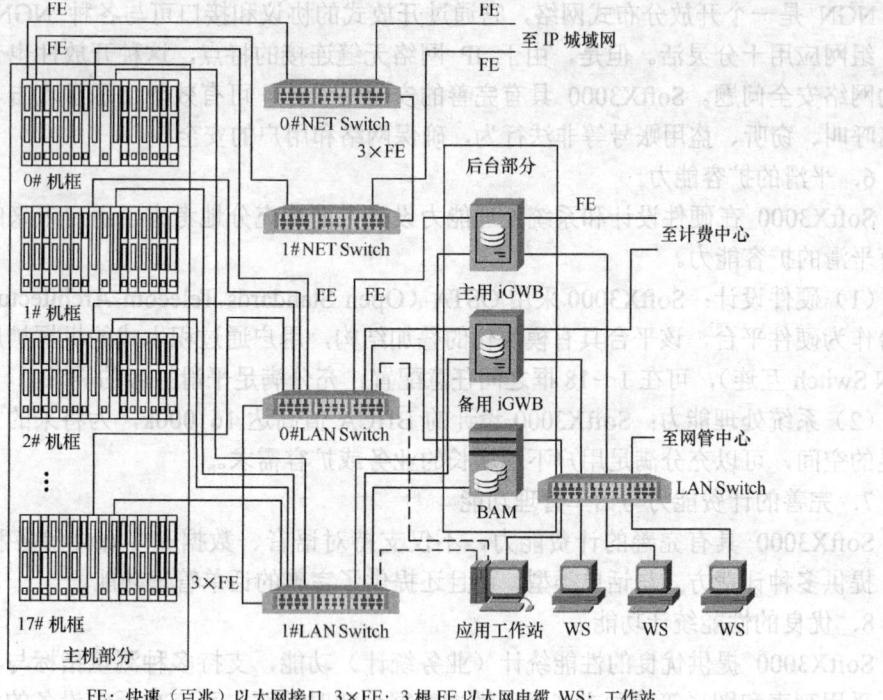

FE：快速（百兆）以太网接口 3×FE：3 根 FE 以太网电缆 WS：工作站

图 5-8 SoftX3000 的硬件物理结构

（1）业务处理子系统（又称为"主机"或"前台"）

业务处理子系统是 SoftX3000 的核心部分，由 OSTA 机框和连接设备构成，主要完成业务处理、资源管理等功能。

（2）维护管理子系统（又称为"后台"）

维护管理子系统由 BAM、应急工作站、WS、iGWB 和连接设备构成，主要完成操作维护、话单管理等功能。

（3）环境监控子系统

环境监控子系统包括每个业务处理框的电源监控模块、风扇监控模块和每个机柜的配电框监控模块，主要用于保证 SoftX3000 正常的工作环境。

各机框之间通过内部以太网进行通信，每个机框均有两条网线连接至 0#LAN Switch 与 1#LAN Switch。

各机框与 BAM、iGWB 通过内部以太网进行通信，BAM、iGWB 均有两条网线连接至 0#LAN Switch 与 1#LAN Switch。

BAM、iGWB 各有一网线连接至 LAN Switch，各 WS 通过 TCP/IP 协议以客户机/服务器的方式与 BAM、iGWB 进行通信。

2．硬件逻辑结构

根据实现功能的不同，可将 SoftX3000 的硬件结构在逻辑上划分为线路接口模块、系统

支撑模块、信令处理模块、业务处理模块和后台管理模块 5 部分，如图 5-9 所示。

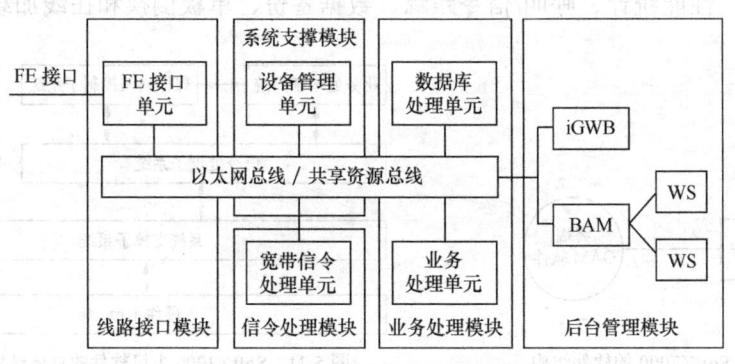

图 5-9　SoftX3000 的硬件逻辑结构

（1）线路接口模块

线路接口模块主要用于提供满足系统组网需求的各种物理接口，包括 FE 接口等。

（2）系统支撑模块

系统支撑模块主要用于实现软件加载、数据加载、设备管理、设备维护、板间通信、框间通信等功能。

（3）信令处理模块

信令处理模块主要用于提供信令或协议的底层处理功能，如 MTP、SIGTRAN、TCP/UDP、H.248/MGCP 等协议的处理。

（4）业务处理模块

业务处理模块的主要作用包括以下内容。

① 完成业务特性所需要的 3 层及以上高层协议（如 TUP、ISUP、MAP 等）的处理。

② 提供应用层的呼叫控制功能，并完成业务的逻辑。

③ 提供中央数据库功能，存储集中式的资源数据（局间中继资源、上下文及终端动态表、MGW 资源描述表等），为业务处理提供呼叫资源的查询服务。

（5）后台管理模块

后台管理模块由 BAM、iGWB、WS 等设备构成，负责提供人机接口、网管接口、计费接口等维护管理接口，主要完成操作维护、话单管理等功能。

3．软件结构

SoftX3000 的软件系统由主机软件和终端 OAM 软件（Operation Administration and Maintenance）两大部分组成，其体系结构如图 5-10所示。

（1）主机软件

主机软件是指运行于 SoftX3000 主处理机上的软件，主要用于实现信令与协议适配、呼叫处理、业务控制、计费信息生成等功能，并与终端 OAM 软件配合，响应维护人员的操作命令，完成对主机的数据管理、设备管理、告警管理、性能统计、信令跟踪和话单管理等功能。

主机软件主要由系统支撑子系统、数据库子系统、信令处理子系统、媒体网关控制子系统、业务处理子系统 5 部分组成，其总体结构如图 5-11所示。

① 系统支撑子系统

系统支撑子系统是 SoftX3000 的软件支撑平台，它屏蔽了底层不同的操作系统接口，提

供统一的 VOS API 接口给上层应用。除此之外，系统支撑子系统还为上层应用提供维护操作、告警管理、性能统计、呼叫/信令跟踪、数据备份、单板倒换和在线加载等功能的实现机制。

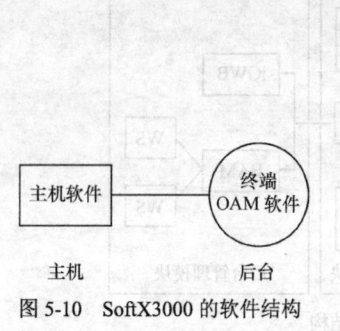

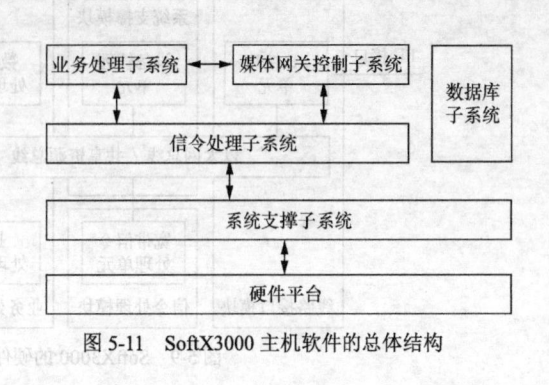

图 5-10　SoftX3000 的软件结构　　　　图 5-11　SoftX3000 主机软件的总体结构

② 数据库子系统

数据库子系统提供一个集中式的数据库管理平台，用于管理系统运行所需的各种数据，如硬件数据、协议数据、路由数据、业务数据等。数据库子系统为业务处理、信令处理、媒体网关控制等子系统提供消息或者 API 接口，用于查询、增加、删除数据等操作。

③ 信令处理子系统

信令处理子系统主要负责完成各种信令或协议的承载和处理，如 No.7 信令、呼叫控制信令、信令传输协议、网络路由协议等。

④ 媒体网关控制子系统

媒体网关控制子系统主要用于实现媒体网关的管理和维护，以及对媒体网关上承载资源的管理和操作等功能。

⑤ 业务处理子系统

业务处理子系统主要用于实现由 SoftX3000 提供的各种业务，如基本语音业务、补充业务、IP Centrex 业务、多媒体业务等。

（2）终端 OAM 软件

终端 OAM 软件是指运行于 BAM、iGWB 以及工作站上的软件，它与主机软件配合，主要用于支持维护人员完成对主机的数据管理、设备管理、告警管理、性能统计、信令跟踪和话单管理等功能。

终端 OAM 软件采用客户机/服务器模型，主要由 BAM 服务器软件、计费网关软件和客户端软件 3 部分组成。其中：BAM 服务器软件安装在 BAM，计费网关软件安装在 iGWB，二者均为服务器；客户端软件安装在工作站，是客户机。

① BAM 服务器软件

BAM 服务器软件运行于 BAM 之上，它集通信服务器与数据库服务器于一体，负责将来自各工作站的操作维护命令转发到主机，并将主机的响应或操作结果回送到相应的工作站上，是终端 OAM 软件的核心。

BAM 服务器软件基于 Windows 2000 Server 及以上操作系统，采用 SQL Server 2000 及以上作为数据库平台，通过多个并列运行的业务进程（如维护进程、数据管理进程、告警进程、性能统计进程等）来实现终端 OAM 软件的主要功能。

② 计费网关软件

计费网关软件运行于 iGWB 之上，是话单管理系统的核心部件，主要负责将 SoftX3000

各个业务处理模块产生的话单保存和备份到物理磁盘上，作为计费中心计费的依据，并向计费中心提供计费接口（支持 FTP 协议或者 FTAM 协议）。

③ 客户端软件

客户端软件运行于工作站上，作为客户机/服务器方式的客户端与 BAM、iGWB 等服务器连接，向用户提供基于 MML 的业务图形终端。工作站既可以在本地，也可以在远程使用。

用户通过工作站可以实现数据维护、设备管理、告警管理、性能统计、呼叫与信令跟踪、话单管理以及报表功能等维护功能。

4. 终端系统结构

SoftX3000 终端系统主要包括 BAM、iGWB、应急工作站和 WS 等设备，是 SoftX3000 实现 OAM 功能的主要硬件平台。

（1）BAM

后管理模块（Backend Administration Module，BAM）是 SoftX3000 设备操作维护系统的服务器，充当 SoftX3000 与工作站连接的桥梁作用。BAM 将工作站（近端/远端）的维护操作命令转发到 SoftX3000，将 SoftX3000 响应回送到相应的操作维护工作站上，同时完成告警信息、业务统计等数据的存储和转发。

（2）iGWB

iGWB 服务器处于 SoftX3000 与计费中心之间，是完成话单接收、预处理、缓存以及计费接口功能的设备，其话单处理能力为每秒处理 1 700 张详细话单。

（3）应急工作站

应急工作站上安装应急工作站软件，该软件可通过网络自动同步（备份）BAM 的数据内容（缺省值为 4h 发起一次同步请求）。当 BAM 停止工作后，应急工作站会利用这些备份数据恢复 BAM 数据库，并且将暂时代替 BAM 进行工作。待 BAM 故障恢复后，再切换恢复到原来的工作模式。因此，应急工作站主要作为系统 BAM 数据的备份设备。

（4）WS

SoftX3000 终端包括维护终端、操作终端，主要实现对数据配置、设备状态查询、维护等功能。

SoftX3000 的终端系统软件包括本地维护系统（BAM、WS 和通信网关）、网管系统和计费网关系统 3 部分。本地维护系统和计费网关是 SoftX3000 终端系统的必选部分，而网管系统则是可选部分。

BAM 和 iGWB 分别与主机进行通信，实现对系统的操作维护和话单的管理。

BAM 和网管系统通过标准的人机语言（Man-Machine Language，MML）/简单网络管理协议（Simple Network Management Protocol，SNMP）对接，从而实现网管系统对 SoftX3000 的统一维护和管理。网管系统提供上级网管系统访问接口。

BAM 与 WS 之间通常通过以太网口直接使用 TCP/IP 通信，也可以通过通信网关，以串口方式通信。

（三）SoftX3000 设备硬件组成

1. 机柜

SoftX3000 软交换设备采用 N68-22 机柜，其机柜的尺寸为高 2 200 mm、宽 600 mm、深 800 mm。一个机柜最多可以容纳 4 组标准的 19 英寸插框，机柜的可用空间高度为 46U

（1U＝44.45mm）。

SoftX3000 机柜可分为综合配置机柜、业务处理机柜和媒体资源服务器机柜 3 种类型，其中媒体资源服务器机柜只在 SoftX3000 设备采用独立 MRS（Media Resource Server）时配置。

综合配置机柜为必配机柜，提供基本业务处理、设备对外接口（如 IP）、前后台通信和计费存储等功能。配置媒体资源框的情况下，还提供媒体资源服务功能。

除了前后台通信和计费存储等功能外，业务处理机柜提供与综合配置机柜相同的功能。业务处理机柜的配置数量根据系统容量确定，最多为 4 个。

当等效用户数大于 10 万用户时，系统需要配置媒体资源服务器机柜，用于安装独立的媒体资源服务器，替代媒体资源框向设备提供媒体资源服务。

现网中，根据不同的组网及容量配置，SoftX3000 最多可以安装 5 个机架，对应的机架编号为 0～4，其中，综合配置机柜所在机架的编号固定为 0，其余机架按排列的顺序（从左至右或从右至左）依次编号，如图 5-12 所示。

SoftX3000 最多可以安装 18 个 OSTA 机框，对应的机框编号为 0～17，其编号原则如下。

PDB	PDB	PDB	PDB	PDB
扩展框 01	基本框 05	扩展框 09	扩展框 13	扩展框 17
基本框 0	扩展框 04	扩展框 08	扩展框 12	扩展框 16
BAM/ iGWB/ LAN Switch	扩展框 03	扩展框 07	扩展框 11	扩展框 15
	扩展框 02	扩展框 06	扩展框 10	扩展框 14
0	1	2	3	4

图 5-12 SoftX3000 机架示意图

（1）机架内的机框编号按照安装位置从下至上顺序编号。

（2）机架间的机框编号按照机架编号从小到大顺序递增。

其中，基本框最多配置 2 框，其编号固定为 0 和 5，各机框的编号规则如图 5-12 所示。

2．机框

机框的作用是将各种插入插框的单板通过背板组合起来构成一个独立的工作单元。SoftX3000 采用华为 OSTA 平台作为硬件平台，OSTA 平台同时具有共享资源总线、以太网总线、H.110 总线和串口总线 4 种背板总线，采用 19 英寸宽、9U 高的标准机框结构。机框采用中置背板，框内单板采用前后对插方式安装，前后共 21 对槽位，统一后出线。机框底部配有可插拔式的风扇盒，采用上送风方式，用于散热。

根据机框配置单板类型的不同，SoftX3000 机框可以分为基本框 0、基本框 1、扩展框和媒体资源框 4 种。

（1）基本框 0：在综合配置机柜中固定配置。基本框 0 对外提供 IP 外部接口，在单框配置情况下，可以完成完整的业务处理功能。

（2）基本框 1：当等效用户容量大于 50 万用户数时，必须配置基本框 1。基本框 1 提供 IP 外部接口，完成完整的业务处理功能。

（3）扩展框：作为可选部件，是根据用户容量选配的业务处理框。扩展框不能单独出现在系统中，必须与基本框 0 配合才能提供业务的处理功能。

（4）媒体资源框：当等效用户容量少于 10 万用户时，系统配置媒体资源框以提供资源媒体流，实现 MRS 的功能。

在 SoftX3000 的 OSTA 机框中，单板采用前后对插的方式进行安装，对应的槽位依次编号为 0～20，其中，前插板按照从左到右的顺序进行编号，后插板则按照从右到左的顺序进行编号，如图 5-13 所示。

后插板 / 槽位号 / 前插板示意图

后插板	BFII	BFII					SIUI	HSCI	SIUI	HSCI										UPWR	UPWR
槽位号	0	1	2	3	4	5	6	7	8	9	10	11	12	13	14	15	16	17	18	19	20
前插板	IFMI	IFMI	FCCU	FCCU	FCCU	FCCU	SMUI		SMUI		CDBI	CDBI	BSGI/MSGI	BSGI/MSGI	BSGI/MSGI	BSGI/MSGI	ALUI		UPWR		UPWR

图 5-13 基本框 0 单板示意图

3. 单板

在 SoftX3000 的 OSTA 机框中，根据单板的位置不同可以分为前插板、后插板和背板 3 大类。前插单板为业务处理单板和控制管理单板，共有 9 种常用类型；后插单板为协议处理单板和接口单板，共有 4 种常用类型（不包括电源板）；背板中置，主要提供板间信号的互连功能。SoftX3000 常用单板如表 5-1 所示。

表 5-1　　　　　　　　　　　　SoftX3000 常用单板一览表

单　　板	单板位置	所属机框	前后板对插关系
SMUI	前插板	基本框、扩展框、媒体资源框	成对使用
SIUI	后插板	基本框、扩展框、媒体资源框	
IFMI	前插板	基本框	成对使用
BFII	后插板	基本框	
MRCA	前插板	媒体资源框	成对使用
MRIA	后插板	媒体资源框	
HSCI	后插板	基本框、扩展框、媒体资源框	无
FCCU	前插板	基本框、扩展框	无
CDBI	前插板	基本框	无
BSGI	前插板	基本框、扩展框	无
MSGI	前插板	基本框、扩展框	无
ALUI	前插板	基本框、扩展框、媒体资源框	无
UPWR	前插板/后插板	基本框、扩展框、媒体资源框	无

SoftX3000 常用单板功能如表 5-2 所示。

表 5-2　　　　　　　　　　　　SoftX3000 单板功能一览表

单　　板	功　　能
SMUI	对机框中所有单板进行管理并反馈给后台，完成系统程序、数据加载和管理功能
SIUI	为 SMUI 板提供以太网接口，通过拨码开关的设置，实现框号识别功能
IFMI	完成 IP 包的收发并具有处理 MAC 层消息、IP 消息分发功能
BFII	IFMI 板的后插接口板
HSCI	框内以太网总线的交换，单板热插拔的控制等

续表

单 板	功 能
FCCU	主要完成呼叫控制及协议的处理，生成话单
CDBI	设备核心数据库，CDBI 板存储了所有呼叫定位、网关资源管理、出局中继选路等数据
BSGI	主要进行 UDP、SCTP、M2UA、M3UA、V5UA、IUA、MGCP、H.248 等协议的处理
MSGI	UDP、TCP 和 H.323 的 RAS、H.323 CALL Signaling、SIP 多媒体协议的处理
MRCA	收集和生成 DTMF 信号、播放和录制语音片和提供多方会议功能等
MRIA	MRCA 板的后插单板，为媒体流提供 10/100 M bit/s 接口
ALUI	上报电源、机箱温度的状态，接受 SMUI 板的指示控制指示灯状态
UPWR	为机框内所有单板提供直流电源

📖 任务总结

1．下一代网络 NGN 泛指一个不同于当前一代的、大量采用新技术的、在 IP 网基础上融合传统电信网、电视网，同时支持语音、数据、多媒体业务的融合网络。

2．软交换的基本含义就是将呼叫控制功能从媒体网关中分离出来，通过软件实现基本呼叫控制功能，从而实现呼叫传输与呼叫控制的分离，为控制、交换和软件可编程功能建立分离的平面。

3．软交换的主要功能包括呼叫控制、业务提供、业务交换、协议转换、互连互通、资源管理、计费、认证与授权、地址解析、语音处理控制、操作维护等功能。

4．基于软交换技术的 NGN 网络在功能上可分为接入层、传输层、控制层和业务/应用层。

5．NGN 网络协议大致分为媒体网关控制协议、呼叫控制协议和信令传输协议 3 类。媒体网关控制协议用于媒体网关控制器 MGC 控制接入网关 AG、中继媒体网关 TMG 等媒体网关；呼叫控制协议是用于控制呼叫过程建立、接续、中止的协议；信令传输协议为软交换提供信令传输业务。

6．SoftX3000 软交换系统主要应用于 NGN 网络的控制层，完成基于 IP 分组网络的语音、数据、多媒体业务的呼叫控制和连接管理等功能。

7．SoftX3000 硬件物理结构可分为业务处理子系统、维护管理子系统、环境监控子系统 3 个部分。

8．SoftX3000 的硬件结构在逻辑上划分为线路接口模块、系统支撑模块、信令处理模块、业务处理模块和后台管理模块 5 部分。

9．SoftX3000 的软件系统由主机软件和终端 OAM 软件两大部分组成。

10．SoftX3000 终端系统主要包括 BAM、iGWB、应急工作站和工作站等设备。

11．SoftX3000 的机框可以分为基本框 0、基本框 1、扩展框和媒体资源框 4 种。

习题

一、选择题

1．中继网关一般采用（   ）协议与软交换设备互通。

    A．H.248   B．SIP   C．SIGTRAN   D．MGCP

2．Softswitch 位于软交换网络的（   ）。

    A．接入层   B．传输层   C．控制层   D．业务层

3. （　　）完成的功能相当于程控交换机用户模块完成的功能。

  A. AG   B. TG   C. SG   D. MGC

4. Softswitch 和（　　）结合可以取代 PSTN 的长途局和汇接局。

  A. TG   B. SG   C. AG   D. IAD

5. 下列设备中，（　　）可以直接带普通电话用户。

  A. IAD   B. AG   C. Softswitch

  D. TG   E. SG

二、填空题

1. 与传统的 PSTN 网络相比，NGN 最突出的特点在于_____、_____和承载相分离。

2. 下一代交换网是指_____。

3. SIGTRAN 协议簇的主要功能是_____和_____。

4. SoftX3000 的硬件体系结构可分为_____、_____和环境监控子系统 3 个部分。

5. SoftX3000 的软件系统由_____和_____两部分组成。

6. SoftX3000 的机框中，_____是必配机框。

三、简答题

1. 什么是 NGN？简述以软交换为核心的 NGN 网络体系结构及各层功能。

2. 说明下图中（1）～（3）处采用的协议，（4）处采用的承载方式。

```
            Softswitch A  ──(2)──  Softswitch B
                 │                      │
               (3)─┤                    │
                 │                      │
             UMG            UMG
             内置SG ──(1)── 内置SG
            ╱                    ╲
          ╱                   (4)─┤ ╲
     PSTN                         PSTN
    Exchange                    Exchange
        │                          │
       ☎                          ☎
```

3. 以软交换为核心的下一代网络采用开放的四层（业务层、控制层、传输层、接入层）体系架构，下图中有一些设备，请用连线表示这些设备属于下一代网络哪个功能层的设备。

```
（功能层）        （设备）

业务层          软交换机

控制层          信令网关

               MPLS路由器

传输层          应用服务器

接入层          媒体网关
```

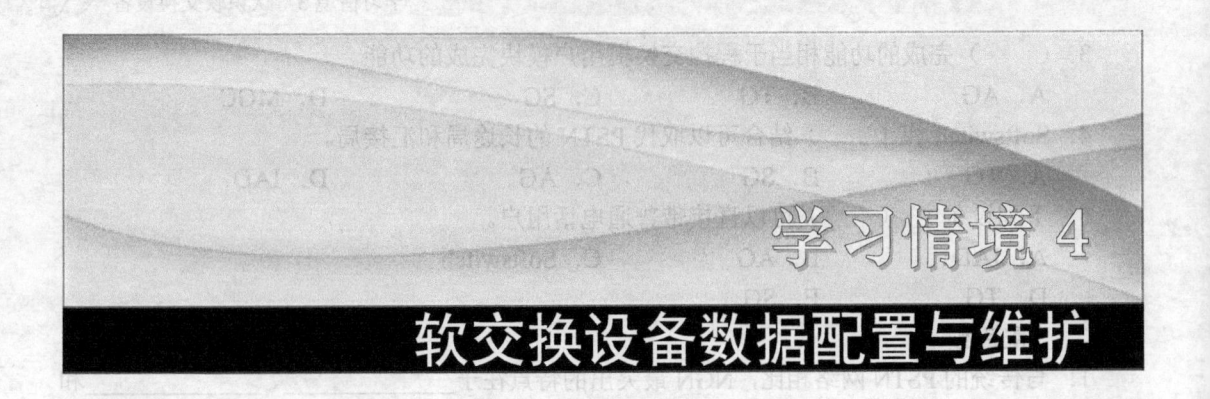

软交换设备数据配置与维护

任务 6　SoftX3000 硬件数据配置

SoftX3000 硬件数据主要用于定义设备的硬件组成、物理端口参数等全局性数据，它所定义的关键参数包括单板的模块号、FE 端口的 IP 地址等，这些关键参数在后续的数据配置过程中将被多次索引。

📖 任务目的

1. 掌握 SoftX3000 重要单板的功能；
2. 了解 SoftX3000 数据配置的总体流程；
3. 熟悉 SoftX3000 的 GUI 操作界面；
4. 能够根据数据规划，完成 SoftX3000 硬件数据配置；
5. 能够判断各单板的工作状态。

📖 任务资讯

6.1　SoftX3000 重要单板

6.1.1　单板功能及指示灯

1. SMUI 单板

系统管理板 SMUI（System Management Unit）是机框的前插主控板，固定安装在机框前插板的 6、8 槽位，采用主/备用工作方式。SMUI 作为前插板与后插板 SIUI 成对使用，其主要功能包括：

（1）共享资源总线的配置及状态管理；

（2）对所在机框的全部单板进行管理并将其状态反馈给后台，控制 ALUI 面板指示灯的状态；

（3）完成系统程序、数据加载和管理功能。

2. SIUI 单板

系统接口板 SIUI（System Interface Unit）是 SMUI 板的后插接口板，固定安装在机框后插板的 6、8 槽位，采用主/备用工作方式。SIUI 单板主要是为 SMUI 板提供以太网接口，通过设置拨码开关实现框号识别功能。

3．HSCI 单板

热插拔控制板 HSCI（Hot-Swap and Control Unit）是机框的后插板，固定安装在机框后插板的 7、9 槽位，采用主/备用工作方式。HSCI 单板的主要功能包括：

（1）框内以太网总线的交换；

（2）单板热插拔的控制；

（3）单板上电控制；

（4）对外提供 6 个 FE 口。

4．ALUI 单板

告警板 ALUI（Alarm Unit）为机框的前插板，固定安装在各机框的 16 槽位，其主要功能包括：

（1）接受 SMUI 板的管理控制指示灯状态，以显示机框后插板（包括后插电源模块）的运行状态；

（2）检测机箱温度，通过串口总线上报给 SMUI 板。

5．UPWR 单板

二次电源板 UPWR（Universal Power）为前、后插板，每块 UPWR 板占用两个槽位，固定安装在机框前、后插板的（17，18）、（19，20）槽位上，采用 2＋2 备份工作方式。UPWR 单板主要是为机框内所有单板提供直流电源。

6．IFMI 单板

IP 转发模块板 IFMI（IP Forward Module）是基本框 0 和基本框 1 的前插板，与后插板 BFII 成对使用，采用主/备用的工作方式。IFMI 单板主要完成 IP 包的收发并具有处理 MAC（Media Access Control）层消息、IP 消息分发功能，并与后插板 BFII 配合提供 IP 接口。

一对 IFMI 板的处理容量是 500 000 等效用户，SoftX3000 系统最多配置 4 对 IFMI 板。

7．BFII 单板

后插 FE 接口板 BFII（Back Insert FE Interface Unit）是 IFMI 板的后插接口板，采用主/备用的工作方式。BFII 单板进行 FE 驱动处理，实现 IFMI 板的对外物理接口功能，与 IFMI 板一一对应配置。每块 BFII 板提供 1 个 FE 接口。

8．CDBI 单板

中央数据库板 CDBI（Central Database Board）是基本框 0 和基本框 1 的前插板，采用主/备用工作方式。作为 SoftX3000 系统的核心数据库，CDBI 板存储了所有呼叫定位、网关资源管理、出局中继选路等全局性数据。

SoftX3000 系统中 100 万等效用户配一对 CDBI 板，系统最多配置 2 对 CDBI 板。

9．BSGI 单板

宽带信令处理板 BSGI（Broadband Signaling Gateway）是机框的前插板，采用负荷分担的工作方式。BSGI 板主要进行 UDP、SCTP、M2UA、M3UA、V5UA、IUA、MGCP、H.248 等协议的处理，然后将消息二级分发到相应的 FCCU 板进行事务层/业务层处理。

10．MSGI 单板

多媒体信令处理板 MSGI（Multimedia Signaling Gateway Unit）是机框的前插板，采用主/备用的工作方式。MSGI 板完成 UDP、TCP 和 H.323（H.323 RAS、H.323 CALL Signaling）、SIP 多媒体协议的处理，然后将消息二级分发到相应的 FCCU 板进行事务层/业务层处理。

11. FCCU 单板

固定呼叫控制板 FCCU（Fixed Calling Control Unit）是机框的前插板，采用主/备用的工作方式。FCCU 板主要完成 MTP3、ISUP、INAP、MGCP、H.248、H.323、SIP、R2、DSS1 等呼叫控制及协议的处理，生成话单，并具有话单池，其内存为 180 MB。

一对 FCCU 板的处理容量是 50 000 等效用户或 9 000 中继，SoftX3000 系统最多配置 40 对 FCCU 板。

在 SoftX3000 系统的前插单板中，大多数单板具有 ALM、RUN、OFFLINE 三种面板指示灯，其含义如表 6-1 所示。

表 6-1　　　　　　　　　　　　　　　面板指示灯含义

标　识	含　义	状态说明
ALM	故障指示灯	当此灯亮时表明此板复位或此板发生故障
RUN	运行指示灯	加载程序闪烁周期：0.25 s 主用板正常运行闪烁周期：2 s 备用板正常运行闪烁周期：3 s
OFFLINE	插拔指示灯	单板插入过程中，蓝灯亮，表示单板已经和背板接触； 单板拔出时，蓝灯亮，表示单板允许拔出

6.1.2　单板的工作方式和模块号

1. 单板的工作方式

从前面的单板介绍中可以看出，SoftX3000 系统中单板的工作方式有主/备用方式、负荷分担方式和 2+2 备份工作方式 3 种。

主/备用方式中，单板成对配置，分为主用板和备用板，主备用的互助单板必须安装在同一机框内，可以配置在相邻槽位上，也可以配置在非相邻槽位上。设备正常工作时，主用板工作，备用板待命。如果主用板出现故障，则系统进行主备倒换，由备用板接替主用板的工作。主/备用方式可以有效提高系统的可靠性。SoftX3000 系统中，大多数单板都采用主/备用方式，如 SMUI、SIUI 等单板。

负荷分担方式中，正常情况下，所有单板同时工作，各自处理一部分任务。如果某块单板出现故障，则其余单板将接替它的工作。负荷分担方式不仅可以提高系统的可靠性，还可以提高单板资源的利用率。SoftX3000 系统中，采用负荷分担方式的单板是 BSGI 和 MRCA 单板。

2+2 备份工作方式是指 2 块单板主用，2 块单板备用。SoftX3000 系统中，只有 UPWR 单板是 2+2 备份工作方式。

2. 单板的模块号

单板的模块号是一个逻辑上的概念，它代表一个独立工作的单元。SoftX3000 的软件将 BAM、iGWB 与前插单板均当成模块进行处理，并对其进行编号，其编号范围为 0～255，即最大可识别 256 个模块。其中，0 固定分配给 BAM，1 固定分配给 iGWB，其余编号则分配给单板。

单板的模块号根据单板的类型从 2 开始编号，每块单板具有唯一的模块编号。主/备用工作方式的单板，由于正常情况下主用板工作，备用板待命，同一时刻只有一块单板工作，因此主备用单板可以看成是一块单板，具有相同的模块号。

单板模块号的编号规则如下。

SMUI 板的模块号：2～21（系统自动分配）。

FCCU 板的模块号：22～101。

CDBI 板的模块号：102～131。

IFMI/BSGI/MSGI 板的模块号：132～211。

IFMI 板的模块号：从 132 递增至 135。

BSGI 板的模块号：从 136 递增至 211。

MSGI 板的模块号：从 211 递减至 136。

MRCA 板的模块号：212～247。

6.2　SoftX3000 数据配置总体流程

SoftX3000 数据配置的总体流程如图 6-1 所示，在实际开局时，维护人员一般应遵循"先配置基础数据、再配置对接数据、最后配置业务数据和应用数据"的基本原则。

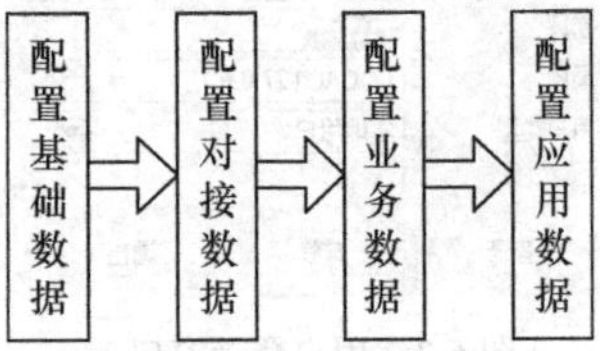

图 6-1　SoftX3000 数据配置的总体流程

1．基础数据配置

基础数据是 SoftX3000 配置数据库的基础，主要由硬件数据、本局数据、计费数据 3 部分组成，它主要用于定义设备的硬件组成、物理端口参数、本局基本信息、计费策略等全局性的数据。

基础数据所定义的关键参数包括单板的模块号、FE 端口的 IP 地址、本地号首集、呼叫源码、计费源码、计费选择码等，这些关键参数在后续的数据配置过程中将被多次索引。因此，维护人员应严格按照规范要求规划各种基础数据。

2．对接数据配置

对接数据是 SoftX3000 配置数据库的重要组成部分，主要由媒体网关数据、MRS 资源数据、协议数据、信令数据、路由数据、中继数据等几部分组成，它主要用于定义 SoftX3000 与 IAD、AG、TG、MRS、SG、STP、SCP、PSTN 交换机和其他软交换设备等对接时与信令、协议以及中继密切相关的数据。

运营商通过 SoftX3000 开展各种业务，必须配置对接数据。现网中，在各种不同的组网条件下，对接数据的配置过程不尽相同。

3．业务数据配置

业务数据是 SoftX3000 配置数据库中最灵活的部分，主要由号码分析数据、用户数据、Centrex 数据、限呼数据、智能业务数据和其他业务数据等几部分组成，它主要用于定义拨号方案、用户号码分配方案、限呼方案、业务配合信息、业务规则信息等数据。

4．应用数据配置

应用数据主要针对双归属、全网智能化、多信令点、多区号等一些特殊功能或组网。

业务数据或应用数据的配置是运营商通过 SoftX3000 开展各种业务、实现各种功能的最终体现。

6.3　SoftX3000 的 GUI 操作界面

SoftX3000 软件的操作界面是一个图形化的用户接口界面，简称为 GUI（Graphic

User Interface）。SoftX3000 的终端操作维护系统采用服务器/客户端结构，客户端软件可以单独安装在 BAM 服务器、普通工作站和应急工作站，其操作方法、操作界面是完全一致的，下面介绍普通工作站上的 GUI 操作。

普通工作站上的 GUI 操作全部包括在"华为本地维护终端程序"文件夹中。华为本地维护终端包括的操作项目如图 6-2 所示，其中本地维护终端可以完成数据配置、设备操作和权限设置等操作。

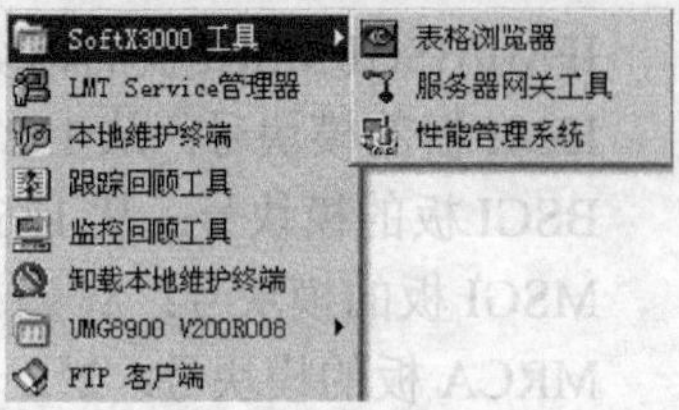

图 6-2　工作站侧 GUI 操作项界面

1．登录 SoftX3000 本地维护终端

在操作系统的桌面上单击"开始→所有程序→华为本地维护终端→本地维护终端"，系统弹出用户登录窗口，如图 6-3 所示。在"用户名"、"密码"栏中输入正确的用户账号及登录密码，此处假设输入 admin、softx3000。在"局向"栏的下拉框中选择需要登录的局向。当操作员选择不同的局向时，"局向"栏显示的 IP 地址信息将相应地发生变化，此处假设选择"LOCAL:127.0.0.1"局向。在"用户类型"栏的下拉框中选择"本地用户"。确认登录信息输入一切正确后，单击"登录"按钮，进入本地维护终端操作界面。

图 6-3　用户登录窗口

2．SoftX3000 本地维护终端的操作界面

如果登录成功，则进入本地维护终端操作界面，如图 6-4 所示。SoftX3000 本地维护终端的操作界面主要分为菜单栏、工具栏、导航树窗口、MML 命令行窗口和系统信息输出窗口 5 个部分。

图 6-4　本地维护终端的操作界面

3．菜单栏和工具栏

SoftX3000 本地维护终端操作界面最上面的区域是菜单栏和工具栏区域。其中，菜单栏由系统、权限管理、跟踪管理、故障管理、查看、窗口、帮助 7 个菜单项组成。

（1）系统子菜单

系统子菜单由系统设置、锁定系统、证书配置、局向管理、输出窗口设置、命令超时设置、保存输入命令、批处理、Telnet、升级回退工具、重新登录、注销、退出选项组成。

① 保存输入命令

在设备的日常维护过程中，维护人员需要经常性地查询设备或网络的运行状态，如单板的运行状态、CPU 的占用率、信令链路的运行状态、网关的注册状态等。此时，维护人员需要执行大量的 MML 命令才能完成任务。如果每次操作均由维护人员逐条输入 MML 命令执行，则工作效率将十分低下。

为提高工作效率，SoftX3000 的操作维护系统提供了保存输入 MML 命令的功能，即维护人员可以将其在客户端上输入的全部或部分 MML 命令以文本的方式保存到工作站的硬盘上。如果将来需要执行相同或相似的操作，则维护人员可以通过执行批量 MML 命令的方式直接调用该文件，而不必在客户端上逐条输入各 MML 命令。

在本地维护终端的菜单栏上选择"系统→保存输入命令"菜单项后，系统弹出"保存输入命令"对话框，如图 6-5 所示。

输出文件的默认保存路径为"\HW LMT\client\output\main\SOFTX3000\SOFTX3000V300R010C05SPC

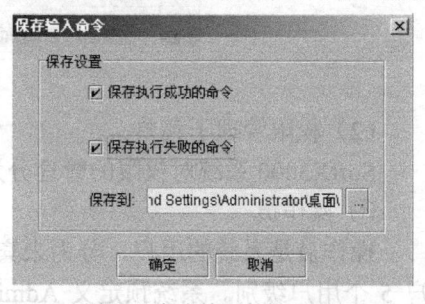

图 6-5　保存输入命令对话框

100"子目录，默认文件名为"save Cmd_年-月-日-时-分-秒.txt"，默认文件类型为文本方式。

按照需要选中"保存执行成功的命令"和"保存执行失败的命令"复选框。保存路径可根据需要更改，单击"保存到"一栏右边的按钮，系统弹出"保存"对话框，如图 6-6 所示。

在图 6-6 中设置输出文件的保存路径，设置完成后，单击"保存"按钮。系统将回到"保存输入命令"对话框，如图 6-5 所示，完成设置后，单击"确定"按钮。

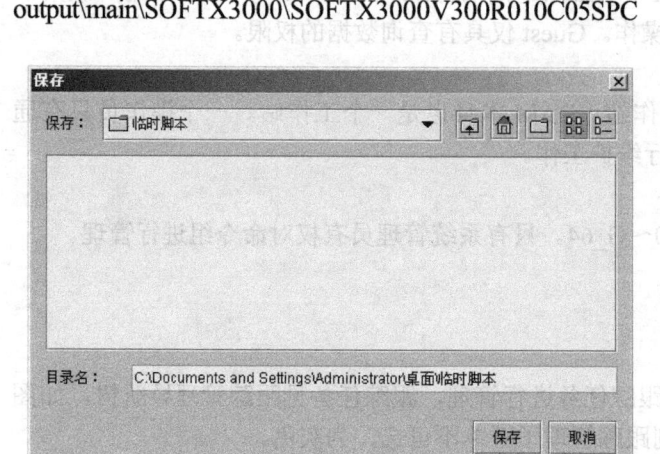

图 6-6　"保存"对话框

② 批处理

在设备开局、设备维护或软件升级的过程中，我们通常需要执行大量的 MML 命令行脚本，整个过程将持续较长的时间。为提高数据配置或日常维护工作的效率，SoftX3000 提供了执行批量 MML 命令的功能，即操作员可以在客户端上以批处理的方式执行一个事先编写好的 MML 脚本文件。SoftX3000 提供的批处理方式有立即批处理、定时批处理和 BAM 定时批处理 3 种。MML 批处理窗口如图 6-7 所示。

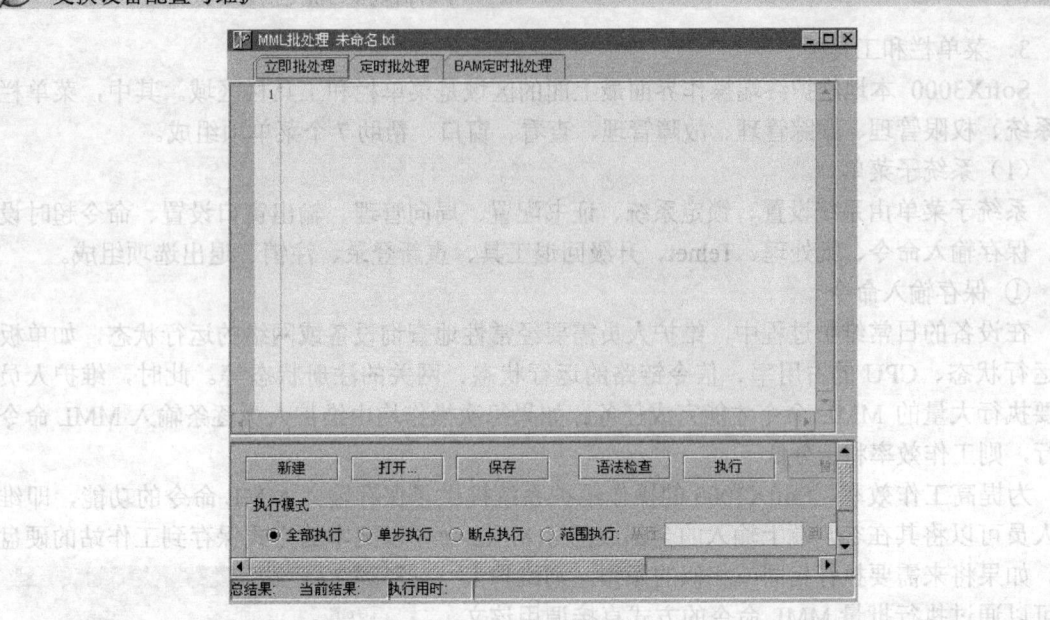

图 6-7　MML 批处理窗口

（2）权限管理子菜单

SoftX3000 系统对权限的管理分为操作员、工作站、命令组和修改密码 4 种。

① 操作员

操作员是系统的用户，分为来宾用户、普通用户、操作员用户、管理员用户、自定义用户 5 个用户级别。系统预定义 Admin 和 Guest 两个默认账号。Admin 属于管理用户级别，具有最高权限，可在系统内执行任何操作。Guest 仅具有查询数据的权限。

② 工作站

操作员登录所使用的机器称为工作站。BAM 本身也是一个工作站。一个操作员只有通过授权的工作站才能对 SoftX3000 进行维护工作。

③ 命令组

系统提供了 65 个命令组，从 G_0～G_64。只有系统管理员有权对命令组进行管理。

④ 修改密码

只能修改当前操作员的密码。

（3）跟踪管理子菜单

跟踪管理子菜单主要用于对各种跟踪任务进行管理，跟踪任务见跟踪管理导航树，如图 6-8 所示。如果当前没有跟踪任务，则跟踪管理子菜单不可选，为灰色。

（4）故障管理子菜单

故障管理子菜单主要用于告警的查看、浏览、管理，如图 6-9 所示。

（5）查看子菜单

查看子菜单用于设置将哪些内容显示在当前操作界面中，由导航树、输出窗口、命令行窗口、全屏显示、跟踪回顾工具、监控回顾工具、性能输出窗口、调试输出窗口、系统工具栏等菜单项组成，如图 6-10 所示。选择某个菜单项（在菜单项前面打"√"）会打开相应的窗口。

（6）窗口子菜单

窗口子菜单用于对窗口进行关闭、最小化、层叠、平铺、水平排列以及垂直排列操作。

图 6-8 跟踪管理导航树　　　图 6-9 故障管理子菜单　　　图 6-10 查看子菜单

（7）帮助子菜单

帮助子菜单用于提供网管使用帮助。

（8）工具栏

工具栏由如图 6-11 所示的图标组成，用于为客户端的常用操作提供相应的快捷图标。从左到右分别是退出、注销、锁定系统、telnet、命令行窗口、导航树、输出窗口、跟踪回顾工具、监控回顾工具、告警浏览、告警日志查询、告警箱控制、告警实时打印、帮助主题。从对菜单和工具栏的介绍中可以看出，工具栏其实是某些菜单项的快捷图标，两者的功能相同。

4．导航树窗口

SoftX3000 本地维护终端操作界面的左边是
导航树窗口，导航树窗口由维护、MML 命令、

图 6-11 工具栏图标

设备面板 3 个子窗口组成，单击导航树窗口下面的页签可以选择相应的子窗口。

（1）维护导航树

单击"维护"页签，维护系统弹出维护导航树窗口，如图 6-8 所示。维护系统操作包括跟踪管理、监控和用户管理 3 部分。

（2）MML 命令导航树

操作员可以使用 MML 命令导航树窗口提供的图形化界面执行和查看人机命令，如图 6-12 所示。在此导航树中，按命令行管理的内容对所有内容进行了分类。双击导航树上的命令节点，可以激活相应的 MML 命令窗口。

选择 MML 命令导航树，将在导航树窗口右侧显示带有"通用维护"、"操作记录"、"帮助信息" 3 个页签的操作信息输出窗口。

（3）设备面板导航树

单击"设备面板"页签，系统弹出设备面板导航树窗口。设备面板系统操作包括设备管理和单板加载进度管理两部分。

5．MML 命令行窗口

SoftX3000 本地维护终端操作界面的右边是 MML 命令行窗口，该窗口分为 3 个区域，如图 6-13 所示。

最上面的区域是操作信息输出窗口，由通用维护、操作记录、帮助信息 3 个子窗口组成。通用维护用于输出从 BAM 返回给客户端的执行结果信息，操作记录用于记录操作员在本次操作活动中执行过的所有 MML 命令行，帮助信息用于显示 MML 命令导航树中所有的节点、MML 命令的联机帮助信息。

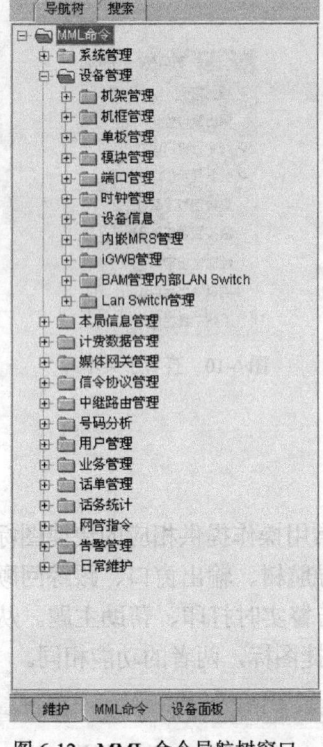

图 6-12 MML 命令导航树窗口

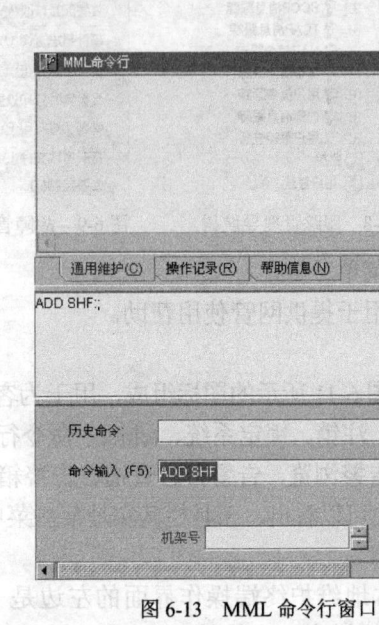

图 6-13 MML 命令行窗口

中间的区域是命令行输入窗口。用户可在此窗口直接输入命令及参数，并按 F9 执行。最下面的区域是历史命令显示栏和命令输入栏等，通常可以通过以下方法生成命令输入界面。

① 双击 MML 命令导航树上的某命令。

② 在命令输入栏手工输入一条命令后，按 Enter 键或单击"产生输入界面"的图标。

③ 在历史命令显示栏的下拉列表中，选择曾经输入过的命令。

命令输入界面中，红色的参数选项为必选参数，黑色的参数选项为可选参数。

在命令输入界面依次输入或选择必要的参数，单击命令输入栏右边的"执行"图标，即可执行该条 MML 命令。

6. 系统信息输出窗口

SoftX3000 本地维护终端操作界面的底部是系统信息输出窗口，由公共、维护、进度表、调试 4 个子窗口组成，单击标签就可以切换到相应的输出窗口。

📖任务实施

一、任务描述

硬件数据属于 SoftX3000 的基础数据之一，硬件数据配置一般位于数据配置流程的第一步，可以用于定义 SoftX3000 的物理硬件、FE 端口以及中央数据库等配置信息。

图 6-14 所示为 SoftX3000 的设备面板配置图，其中 IFMI 板的 FE 端口 IP 地址为 10.26.102.13，掩码为 255.255.255.0，默认网关的 IP 地址为 10.26.102.1，要求完成 SoftX3000 的硬件数据配置。

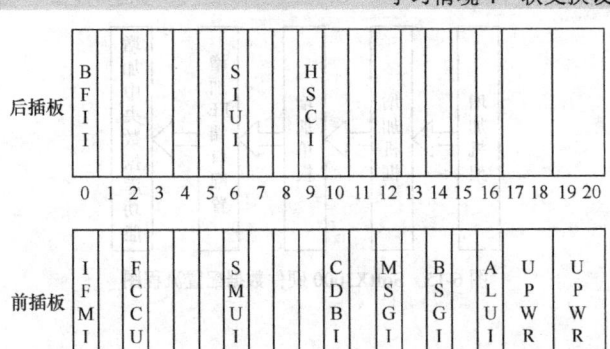

图 6-14 SoftX3000 的设备面板配置图

二、实践操作

（一）数据规划

在进行 SoftX3000 的硬件数据配置前，维护人员应按表 6-2 所示做好信息收集和数据规划。

表 6-2 相关信息收集工作

序　号	信 息 收 集	备　注
1	详细的设备面板配置图	用于提供机架、机框、单板等设备的类型、位置、编号等信息
2	单板的模块号	用于统一规划 IFMI、CDBI、FCCU、BSGI、MSGI、MRCA 等单板的模块号
3	FE 端口的 IP 地址	SoftX3000 对外接口的 IP 地址，需根据全网规划和实际组网进行配置
4	与 SoftX3000 连接的路由器设备的 IP 地址	用于配置 IP 路由数据

根据 SoftX3000 的设备面板配置图，维护人员对各单板的模块号等基本信息进行数据规划，如表 6-3 所示。

表 6-3 单板数据规划

框号/槽位	单 板 位 置	单 板 类 型	主/备用标志	单板模块号
0 / 0	前插板	IFMI	主用	132
0 / 2	前插板	FCCU	主用	22
0 / 10	前插板	CDBI	主用	102
0 / 12	前插板	MSGI	主用	211
0 / 14	前插板	BSGI	独立运行	136

（二）数据配置

SoftX3000 硬件数据配置的一般流程如图 6-15 所示。

维护人员可以使用 MML 命令导航树窗口提供的图形化界面输入人机命令，也可以在命令输入栏输入一条合法的 MML 命令，然后按回车键，系统将在命令输入栏的正下方弹出该 MML 命令的参数输入窗口。

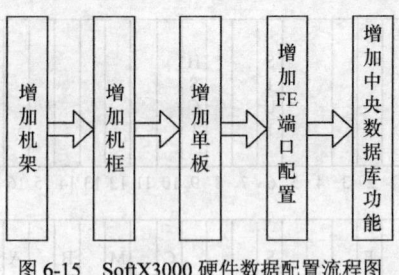

图 6-15　SoftX3000 硬件数据配置流程图

1. 增加机架

（1）MML 命令

本步骤用于在 SoftX3000 系统中添加 1 个机架，使用 MML 命令"ADD SHF"。在本任务中，MML 命令为：

```
ADD SHF: SHN=0, LT="NGN 实验室", ZN=0, RN=0, CN=0;
```

增加机架的配置界面如图 6-16 所示。

（2）关键参数

【机架号】：用于唯一标识一个机架。SoftX3000 最多可配置 5 个机架，编号范围为 0~4。

【场地号】：用于描述机架所处的机房的编号。

【行号】、【列号】：用于描述机架在机房中的具体位置，即该机架位于哪一行、哪一列。

2. 增加机框

（1）MML 命令

本步骤用于在 SoftX3000 系统已配置机架中添加机框，使用 MML 命令"ADD FRM"。在本任务中，MML 命令为：

```
ADD FRM: FN=0, SHN=0, PN=2;
```

增加机框的配置界面如图 6-17 所示。

命令输入 (F5): ADD SHF	命令输入 (F5): ADD FRM
机架号 0	框号 0
位置名称 NGN实验室	机架号 0
场地号 0	位置号 2
行号 0	
列号 0	
PDB位置 2	
PDB类型 PDB48V(PDB-48V)	

图 6-16　增加机架配置界面　　　　　图 6-17　增加机框配置界面

（2）关键参数

【框号】：用于唯一标识一个机框。SoftX3000 最多可配置 18 个机框，编号范围为 0～17，其中，编号 0、5 用于基本框，其余编号用于扩展框。

【机架号】：用于指定机框所处机架的编号，该参数必须先由"ADD SHF"命令定义，然后才能在此处索引。

【位置号】：用于描述机框在机架中的位置。每个机架最多可安装 4 个机框，各机框从下至上的编号依次为 0～3。对于综合配置机柜（机架 0）而言，BAM 和 iGWB 使用的位置号固定为 0 和 1，所以综合配置机柜中，机框的位置号只能配置为 2 和 3。

3．增加单板

（1）MML 命令

本步骤用于在 SoftX3000 系统已配置机框中添加单板，使用 MML 命令"ADD BRD"。在本任务中，MML 命令为：

```
ADD BRD: FN=0, SLN=0, LOC=FRONT, FRBT=IFMI, MN=132, ASS=255;
ADD BRD: FN=0, SLN=2, LOC=FRONT, FRBT=FCCU, MN=22, ASS=255;
ADD BRD: FN=0, SLN=10, LOC=FRONT, FRBT=CDBI, MN=102, ASS=255;
ADD BRD: FN=0, SLN=12, LOC=FRONT, FRBT=MSGI, MN=211, ASS=255;
ADD BRD: FN=0, SLN=14, LOC=FRONT, FRBT=BSGI, MN=136;
```

增加单板的配置界面如图 6-18 所示。

（2）关键参数

【框号】：用于指定单板所处机框的编号，该参数必须先由"ADD FRM"命令定义，然后才能在此处索引。

【槽号】：用于指定单板所处槽位的编号。SoftX3000 的单板采用前后对插的方式进行安装，分前插板与后插板，前后各有 21 个槽位，编号范围为 0～20。

【位置】：用于确定单板是前插板还是后插板。

【前插板类型】：用于指定单板的类型，可为 IFMI、FCCU、CDBI、MSGI、BSGI 等。

【模块号】：用于定义单板的模块号，主备单板共用一个模块号。

【互助板槽号】：当所增加的单板为主/备用工作方式时，用于指定其互助单板的槽位号。该参数仅对主/备用配置的单板有效，如果填 255，则表示该单板为非主/备用工作方式（即不需要互助单板）。

（3）说明

① SMUI、SIUI、HSCI、ALUI 和 UPWR 板固定配置在机框的槽位 6～9、16～20，由系统自动添加。

② BFII、MRIA 板不须单独配置，它们随 IFMI、MRCA 板自动增加。

4．增加 FE 端口配置

（1）MML 命令

本步骤是为 SoftX3000 系统已配置的 IFMI 板添加 IP 地址和 IP 路由数据，以保证 SoftX3000 能与其他 IP 设备正常互通，使用 MML 命令"ADD FECFG"。在本任务中，MML 命令为：

```
ADD FECFG: MN=132, IP="10.26.102.13", MSK="255.255.255.0", DGW="10.26.102.1";
```

增加 FE 端口的配置界面如图 6-19 所示。

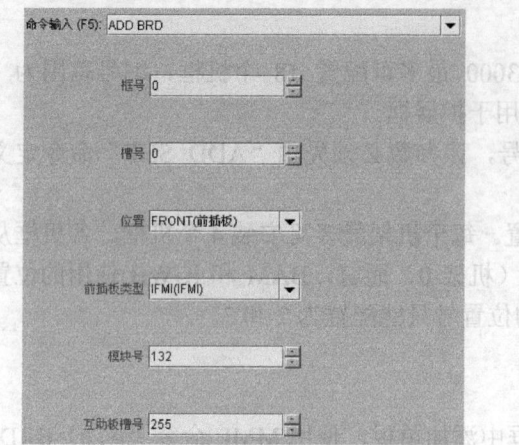

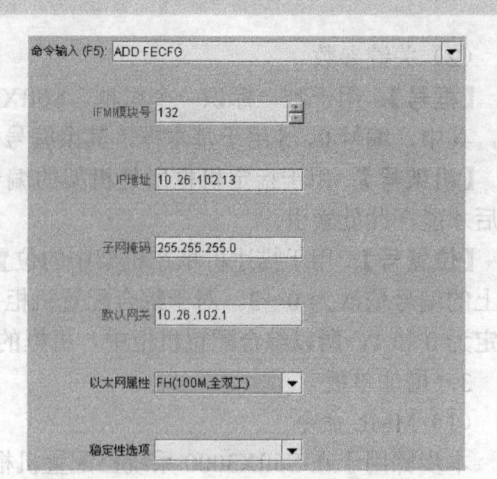

图 6-18　增加单板配置界面　　　　　　　　图 6-19　增加 FE 端口配置界面

（2）关键参数

【IFMI 模块号】：用于指定 FE 端口所属 IFMI 板的模块号，该参数必须先由"ADD BRD"命令定义，然后才能在此处索引。

【IP 地址】、【子网掩码】：用于定义 FE 端口的 IP 地址与子网掩码。

【默认网关】：用于定义 FE 端口所连接的路由器设备的 IP 地址。该参数决定 SoftX3000能否与其他 IP 设备正常互通。

5. 增加中央数据库功能

（1）MML 命令

本步骤是为 SoftX3000 系统已配置的 CDBI 板添加中央数据库，以存储与整个主机有关的全局数据，包括用户定位、中继选线、网关资源管理、黑白名单、IPN 号码等数据，使用MML 命令"ADD CDBFUNC"。在本任务中，MML 命令为：

```
ADD CDBFUNC: CDPM=102, FCF=LOC-1&TK-1&MGWR-1&BWLIST-1&IPN-1&
DISP-1&SPDNC-1&RACF-1&PRESEL-1&UC-1&KS-1;
```

增加中央数据库功能的配置界面如图 6-20 所示。

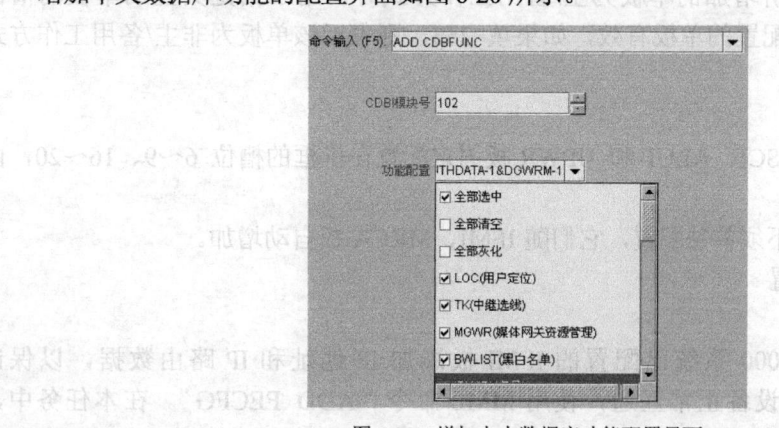

图 6-20　增加中央数据库功能配置界面

（2）关键参数

【CDBI 模块号】：用于指定实现中央数据库功能的 CDBI 板的模块号，该参数必须先由"ADD BRD"命令定义，然后才能在此处索引。

【功能配置】：用于为该 CDBI 模块分配中央数据库功能，一般是全选。

（3）说明

SoftX3000 主机数据库包括模块数据库和中央数据库两部分。模块数据库存储该模块的用户号码、网关、中继等数据，中央数据库存储用户定位、中继选线、网关资源管理、黑白名单、分发能力等全局数据。

（三）数据调测

（1）使用 MML 命令查询机架、机框、单板、FE 端口、中央数据库的配置信息，检查数据配置是否有误，查询命令如表 6-4 所示。

表 6-4　　　　　　　　　　　　　　　　硬件数据查询命令

序　号	MML 命 令	功　　能
1	LST SHF	查询机架
2	LST FRM	查询机框
3	LST BRD	查询单板
4	LST FECFG	查询 FE 端口配置
5	LST CDBFUNC	查询中央数据库功能

（2）在设备面板导航树窗口中，双击"设备管理"下需要查看的机架，系统弹出设备面板视图，如图 6-21 所示。

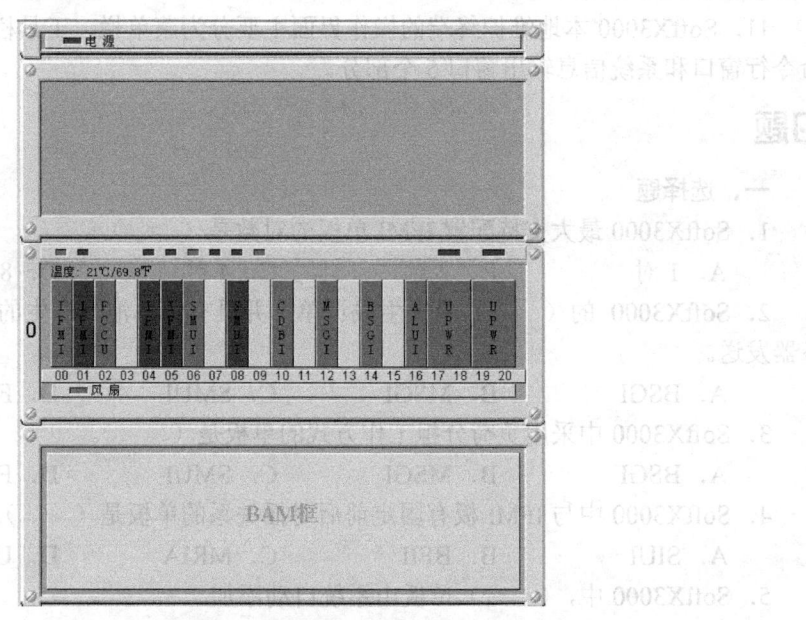

图 6-21　设备面板视图

设备面板图显示了该机架内机框和单板的配置情况。在实际维护工作中，可以通过观察单板的显示颜色来判别单板的工作状态。

① 绿色：单板运行正常，且单板处于主用状态。

② 蓝色：单板运行正常，且单板处于备用状态。

③ 红色：单板已配置数据，但尚未正常工作，比如本任务中红色单板表示不在位。

④ 灰色：单板未插或未配置数据。

📖任务总结

1. SMUI 板是机框的前插主控板，固定安装在机框前插板的 6、8 槽位。

2. ALUI 板是机框的前插板，固定安装在各机框的 16 槽位。

3. UPWR 板为机框内所有单板提供直流电源，每块 UPWR 板占用两个槽位，固定安装在机框前、后插板的（17，18）、（19，20）槽位上。

4. IFMI 板是基本框的前插板，与后插板 BFII 成对使用。

5. CDBI 板是基本框的前插板，存储了所有呼叫定位、网关资源管理、出局中继选路等全局性数据。

6. BSGI 板是机框的前插板，处理 UDP、SCTP、M2UA、M3UA、V5UA、IUA、MGCP、H.248 等协议，然后将消息进行二级分发。

7. MSGI 板是机框的前插板，处理 UDP、TCP 和 H.323、SIP 多媒体协议，然后将消息进行二级分发。

8. FCCU 板是机框的前插板，主要完成呼叫控制及协议的处理，生成话单，并具有话单池。

9. SoftX3000 系统单板的工作方式有主/备用方式、负荷分担方式和 2+2 备份工作方式 3 种。

10. SoftX3000 数据配置的总体流程是"先配置基础数据、再配置对接数据、最后配置业务数据和应用数据"。

11. SoftX3000 本地维护终端的操作界面主要分为菜单栏、工具栏、导航树窗口、MML 命令行窗口和系统信息输出窗口 5 个部分。

习题

一、选择题

1. SoftX3000 最大支持配置 IFMI 单板的对数是（　　）。

    A. 1 对   B. 2 对   C. 4 对   D. 8 对

2. SoftX3000 的（　　）单板生成话单，并具有话单池，产生的话单实时向 iGWB 服务器发送。

    A. BSGI   B. MSGI   C. SMUI   D. FCCU

3. SoftX3000 中采用负荷分担工作方式的单板是（　　）。

    A. BSGI   B. MSGI   C. SMUI   D. FCCU

4. SoftX3000 中与 IFMI 板有固定前后对插关系的单板是（　　）。

    A. SIUI   B. BFII   C. MRIA   D. UPWR

5. SoftX3000 中，（　　）单板由系统自动添加。

    A. SMUI   B. HSCI   C. ALUI   D. UPWR

二、判断题

1. 告警板 ALUI 显示机框前插板的运行状态。

2. SMUI 板的模块号范围是 2～21，由 SoftX3000 系统自动分配。

3. BFII 板为 SoftX3000 机框提供对外 IP 接口。

4. CDBI 板存储全局性数据，最多配置 2 对，是基本框和扩展框的前插板。

5. SoftX3000 中增加单板使用的 MML 命令是"ADD BRD"。

三、简答题

1. 简述 SoftX3000 数据配置的总体流程。
2. 简要说明 SoftX3000 硬件数据配置的基本步骤。

任务 7　SoftX3000 本局数据配置

SoftX3000 本局数据也是 SoftX3000 配置数据库的基础，主要用于定义设备的本局基本信息、本地号首集和呼叫源码等，通过此任务的学习，学生可以掌握本局数据的配置方法。

📖任务目的

1. 了解数图的概念和应用；
2. 掌握呼叫源和号首集的概念；
3. 熟悉 SoftX3000 本局数据配置流程；
4. 能够根据数据规划，完成 SoftX3000 本局数据配置。

📖任务资讯

7.1　数图

数图（DigitMap）即号码采集规则描述符，它是驻留在媒体网关内的拨号方案，用于检测和报告终端接收的拨号事件。采用数图的主要目的是提高媒体网关发送被叫号码的效率，即当用户所拨的被叫号码符合数图所定义的拨号方案之一时，媒体网关将此被叫号码用一个消息集中发送。

数图的格式由 H.248 协议或 MGCP 严格定义，它由一系列代表一定含义的数字和字符串组成，只要所收到的拨号序列与其中的一串字符相匹配就表示号码已经收齐。软交换一般不会解析数图，它将配置好的数图下发给指定的媒体网关，媒体网关通过解析数图来完成收号功能。

数图可以由字符串和字符串列表定义，字符串列表中的每个字符串都是一个可选拨号事件序列。数图字符作用如表 7-1 所示。

表 7-1　　　　　　　　　　　　　　数图字符对应表

字　　符	作　　　　　用
0～9	数字（电话号码）
E	表示 DTMF 方式中的"*"
F	表示 DTMF 方式中的"#"
x	通配符，表示 0～9 中的某一个
.	重复符，代表 0 次或多次重复在"."之前的拨号事件
S	短定时器，若号码串已经匹配了数图中的某一拨号方案，但还有可能接收更多位数的号码而匹配其他不同的拨号方案，则不应立即报告匹配情况，媒体网关必须使用短定时器 S 等待接收更多位数的号码

字　符	作　　　用
L	长定时器，若媒体网关确认号码串至少还需要一位号码来匹配数图中的任意拨号方案，则数字间的定时器值应设置为长定时器 L
T	起始定时器，用于任何已拨号码之前。如果起始定时器被设为 T=0，此定时器就失效了，表示媒体网关将无限期地等待拨号
|	如果数图由字符串列表构成，则各个字符串之间用"|"间隔
[ ]	字符串中某个位置的取值为某个区间的任意值
-	取值区间，与"[ ]"一起使用

当拨号方案如表 7-2 所示时，该拨号方案的数图为：

$$\{11x \mid 6\ xxxxxxx \mid 0[1-9]xxx. \mid 00xxx. \mid Exx\}$$

表 7-2　　　　　　　　　　　　　　　　拨号方案

号　　码	呼　叫　类　型
11x	紧急呼叫和特服呼叫
6xxxxxxx	本地呼叫
0	国内长途
00	国际长途
*xx	补充业务

在 SoftX3000 上，H.248 协议的默认数图为：

[2-8]xxxxxx|13xxxxxxxxx|0xxxxxxxxx|9xxxx|1[0124-9]x|E|F|x.F|[0-9].L

7.2　呼叫源

　　呼叫源是指发起呼叫的用户或入中继。一般情况下，具有相同主叫属性的用户或入中继归属于同一个呼叫源。呼叫源的划分是以主叫用户的属性来区分的，这些属性包括预收号码位数、本地号首集、路由选择源码、失败源码、是否号码准备、主叫地址是否甄别等。

　　如图 7-1 所示，成都作为一个本地号首集，可以设置多个不同的呼叫源，分别对应不同的用户，如居民用户、商业用户等，其用户属性不同。

　　不同呼叫源可以设置不同的预收号码位数，例如普通居民用户的预收号码位数通常设为"3"，而商业用户如果加入 Centrex 群，则预收号码位数通

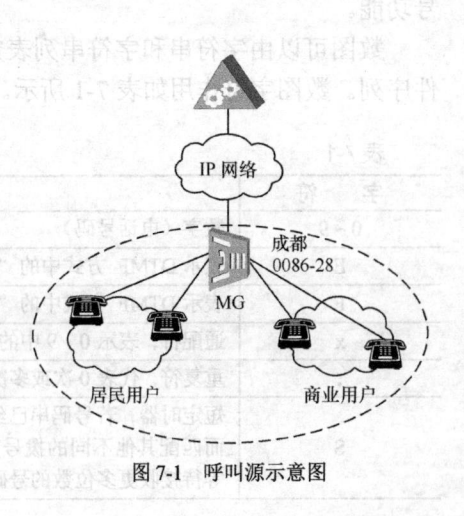

图 7-1　呼叫源示意图

常设为 "1"。不同呼叫源对呼叫失败的处理方式也可以不同，普通居民用户呼叫失败一般听忙音，而商业用户如果加入 Centrex 群，则呼叫失败可以转接话务员。SoftX3000 系统中可以定义多个呼叫源，每个呼叫源分配一个二进制编码，即呼叫源码。

7.3　呼叫字冠

呼叫字冠是被叫电话号码的前缀，是被叫电话号码中从第一位开始的一串连续的数字。呼叫字冠既可以是被叫号码的第一位或前几位，也可以是被叫用户的全部号码。也就是说，呼叫字冠是被叫号码的一个子集。例如，对于被叫用户 84970433 而言，可以定义其呼叫字冠为以下任何形式。

字冠为第一位号码：8；

字冠为前三位号码：849；

字冠为前五位号码：84970；

字冠为全部被叫号码：84970433。

所有的呼叫字冠的集合组成了系统的号码分析表，如果在同一张号码分析表中同时存在上述几条呼叫字冠记录，则系统在进行被叫号码分析时，将采用最大匹配的原则。所谓最大匹配，就是指对于一个具体的被叫号码，系统在所有呼叫字冠中查找与其号码最相近的一个，并根据该呼叫字冠来确定此次呼叫的业务类别、业务属性、路由选择等属性。

上述例子中，如果用户拨的被叫号码为 "84970438"，则根据最大匹配的原则，系统将选择与该被叫号码最相近的呼叫字冠 "84970" 相匹配，而呼叫字冠 "8" 与 "849" 均不符合该匹配原则。

呼叫字冠是一次号码分析的起始点，呼叫字冠的基本属性数据包括业务属性、路由选择码、释放控制方式、计费选择码、最小号长、最大号长等。对于主叫号码分析、号首特殊处理、紧急呼叫观察、补充信令、优先级和释放控制方式等呼叫字冠的相关属性数据，都必须配置完对应的呼叫字冠后，才能设置。

7.4　号首集

号首集是呼叫源能够拨打的全部号首（或字冠）的集合。所谓号首是指呼叫源发出或拨打的被叫号码的前缀（即拨打的被叫电话号码前几位），它是决定与本次呼叫有关的各种业务的关键因素，例如，用户 E 具有以下拨号权限。

8478xxxx：本地网呼叫；

0Axxx：国内长途呼叫（A 代表 1～9 任意数字）；

00Axx：国际长途呼叫。

对于用户 E 来说，"847"、"0"、"00" 就是号首（字冠），它们分别代表了不同的业务属性，它们的集合就构成了号首集。号首集有全局号首集与本地号首集之分。

1. 全局号首集

全局号首集是具有全局意义的号首（或字冠）的集合，主要用于标识不同的网络。例

如，SoftX3000 支持公网与专网混合应用的模式，即支持将一个交换局在逻辑上划分为公网与专网的应用，为了标识这些逻辑上的交换网，SoftX3000 使用了全局号首集这个概念，一个全局号首集就代表一个公网或一个专网。

2．本地号首集

本地号首集是具有局部意义的号首（或字冠）的集合，主要用于在一个网络内标识不同的本地网。例如，SoftX3000 支持多区号的应用，即支持将一个交换局在逻辑上划分为几个本地网的应用，为了标识这些逻辑上的交换网，SoftX3000 使用了本地号首集这个概念，一个本地号首集就代表一个本地网。

3．呼叫源和号首集之间的关系

呼叫源和号首集之间的关系如图 7-2 所示。

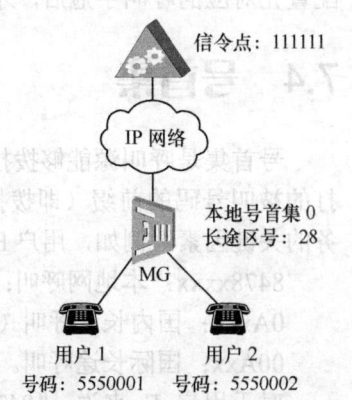

一个呼叫源只能属于一个本地号首集，而一个本地号首集可以为多个呼叫源公用。

一个本地号首集只能属于一个全局号首集，而一个全局号首集可以为多个本地号首集公用。

号首集侧重于对被叫（字冠）的理解与分析进行分类，而呼叫源侧重于对主叫的属性进行分类。呼叫源和号首集的

图 7-2　呼叫源与号首集之间的关系

关系可以这样描述，一个交换局内所有的普通用户能够拨打的字冠（号首）的集合就是号首集，而这些用户可能因为某些呼叫属性（如对字冠的预收号码位数不同）又划分为不同的主叫用户组，每一个主叫用户组对应一个呼叫源。因此，号首集涵盖的范围大于或等于呼叫源涵盖的范围。

引入号首集这一概念是因为即使是同一号首，但对不同的主叫方（呼叫源），也可有不同的含义，系统对其处理也不相同。例如，字冠"333"对于呼叫源 0 来说是本局呼叫，但对于呼叫源 1 来说则可能是出局呼叫。

📖**任务实施**

一、任务描述

本局数据属于 SoftX3000 的基础数据之一，一般在硬件数据配置完成后进行。本局数据主要用于定义本软交换局的信令点编码、所处信令网络、时区、本地号首集、长途区号、呼叫源、号段及呼叫字冠等信息。图 7-3 所示为 SoftX3000 的本局数据配置实例图，要求完成相应配置。

二、实践操作

（一）数据规划

在进行 SoftX3000 的本局数据配置前，维护人员应按表 7-3 所示做好信息收集和数据规划。

图 7-3　本局数据配置实例图

表 7-3　　　　　　　　　　　　　　本局数据配置相关信息收集工作

序　号	信 息 收 集	备　注	参 数 值
1	本局信令点编码	用于配置与 MTP 信令相关的数据	111111
2	交换局类型	决定所处信令网络	市话局/农话局
3	本地号首集	用于确定本局用户可以具有多少个字冠集合	本地号首集 0，长途区号：28
4	呼叫源	区分不同的主叫用户群	用户 1 和用户 2 属于呼叫源 0
5	号段	根据规划确定本交换局所占用的号码资源	本地号首集 0 号段：5550001 ~ 5550999
6	呼叫字冠	定义被叫号码的前缀	本地号首集 0，呼叫字冠：555

（二）数据配置

SoftX3000 本局数据配置的一般流程如图 7-4 所示。

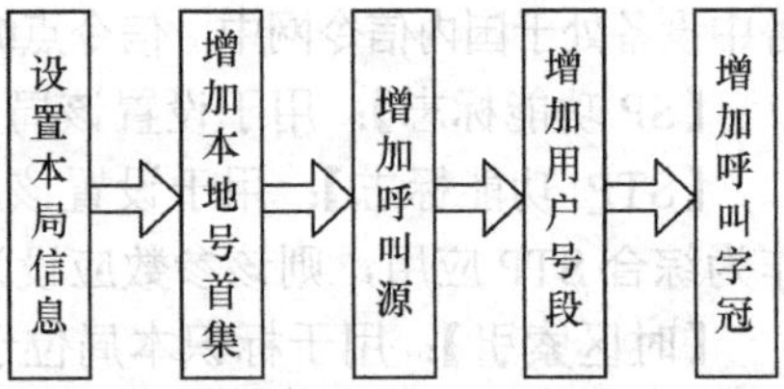

1．设置本局信息

本局信息用于定义 SoftX3000 在 No.7 信令网中的基础信息，主要包括本局信令点编码、信令点编码的长度、本局处于哪个信令网络中、是否支持信令转接功能等。

（1）MML 命令

本步骤用于设置 SoftX3000 本局信息，使用 MML 命令 "SET OFI"。在本任务中，MML 命令为：

```
SET OFI: OFN="NGN 实验室", LOT=CC, NN=YES, SN1=NAT, NPC="111111",
NNS=SP24, SP=YES, TMZ=0, SGCR=NO;
```

设置本局信息的配置界面如图 7-5 所示。

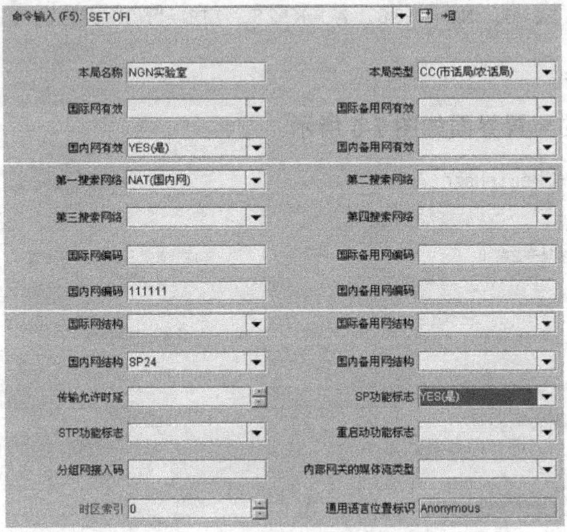

图 7-4　SoftX3000 本局数据配置流程图

图 7-5　设置本局信息配置界面

（2）关键参数

【本局名称】：用于标识本交换局，其值域类型为字符串。

【本局类型】：用于指定本交换局的类型，应根据实际情况填写，可以选择用户交换机、市话

局/农话局、长市农合一局、国内长途局、国际长途局等。本任务中为市话局/农话局。

【国际网有效】、【国际备用网有效】、【国内网有效】、【国内备用网有效】：这4个参数用于设定本局在哪个信令网内有效。本任务中，由于为市话局/农话局，故选择国内网有效。它表示本局位于国内信令网中，并占用国内信令网的信令点编码资源。

【第一搜索网络】、【第二搜索网络】、【第三搜索网络】、【第四搜索网络】：当本局与信令网中的某个SP之间存在两个或两个以上的信令网连接时，用于设定本局在搜索信令网时的顺序；而当本局与某个SP之间仅存在一个信令网连接时，这4个参数无效。

【国际网编码】、【国际备用网编码】、【国内网编码】、【国内备用网编码】：这4个参数分别用于定义本局在各信令网内的信令点编码，其值域类型为十六进制，最多包括6位。本任务中设备处于国内信令网中，信令点编码为111111，故设置国内网编码=111111。

【国际网结构】、【国际备用网结构】、【国内网结构】、【国内备用网结构】：用于指定本局在各信令网内信令点编码的长度。在不同的国家或地区，各信令网信令点编码的长度是不同的。本任务中设备处于国内信令网中，信令点编码应为24位，故设置国内网结构=SP24。

【SP功能标志】：用于设置该局是否提供信令点功能，一般设置为"Yes"。

【STP功能标志】：用于设置该局是否提供信令转接点功能，一般设置为"No"；若本局作为综合STP应用，则该参数应设为"Yes"。

【时区索引】：用于标识本局位于哪一个时区，即标识系统所在的缺省时区，其取值范围为0～254。

2. 增加本地号首集

（1）MML命令

本步骤用于在SoftX3000系统中增加本地号首集，使用MML命令"ADD LDNSET"。在本任务中，MML命令为：

```
ADD LDNSET: LP=0, NC=K'86, AC=K'28, LDN="NGN实验室", DGMAPIDX=0,

MDGMAPIDX=0;
```

增加本地号首集的配置界面如图7-6所示。

图7-6　增加本地号首集配置界面

（2）关键参数

【本地号首集】：用于定义在进行被叫号码分析时系统所使用的本地号首集。

【国家/地区码】：用于指定本地号首集所属的国家码（地区码），本任务中直接输入中国国家码 86。

【国内长途区号】：用于指定本地号首集所属的国内长途区号，按数据规划设置国内长途区号=28。

【本地号首集名称】：值域类型为字符串，用于描述一个本地号首集。

【H248 数图索引】：用于定义对应于上述本地号首集的 H.248 协议的数图。

【MGCP 数图索引】：用于定义对应于上述本地号首集的 MGCP 的数图。

3．增加呼叫源

（1）MML 命令

本步骤用于在 SoftX3000 系统中增加呼叫源，使用 MML 命令"ADD CALLSRC"。在本任务中，MML 命令为：

```
ADD CALLSRC: CSC=0, CSCNAME="NGN 实验室", PRDN=3, LP=0;
```

增加呼叫源的配置界面如图 7-7 所示。

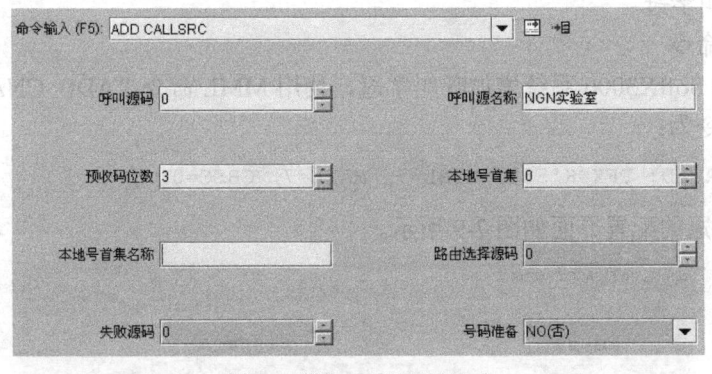

图 7-7　增加呼叫源配置界面

（2）关键参数

【呼叫源码】：用于在 SoftX3000 内部唯一定义一个呼叫源，其取值范围为 0～65 534。由于呼叫源是不同呼叫属性的主叫集合，因此，只要当主叫的预收号码位数、本地号首集、出局路由选择、失败处理方式、号码准备方式等任意一个属性不同时，操作员就需定义不同的呼叫源码。

【呼叫源名称】：值域类型为字符串，用于具体描述一个呼叫源，以便于识别。

【预收码位数】：用于指示 SoftX3000 的呼叫处理软件在启动号码分析时至少需要准备的号码位数，也就是说，当本局用户或入中继所发送的号码长度小于预收号码长度时，系统将不启动号码分析。该参数的取值范围为 0～7，普通用户的预收号码位数通常设为"3"，Centrex 用户的预收号码位数通常设为"1"。

【本地号首集】：用于指定该呼叫源所属的本地号首集，该参数必须先由"ADD LDNSET"命令定义，然后才能在此处索引。

4．增加用户号段

（1）MML 命令

本步骤是为 SoftX3000 系统增加用户号段，使用 MML 命令"ADD DNSEG"。在本任务中，MML 命令为：

```
ADD DNSEG: LP=0, SDN=K'5550001, EDN=K'5550999;
```

增加用户号段的配置界面如图 7-8 所示。

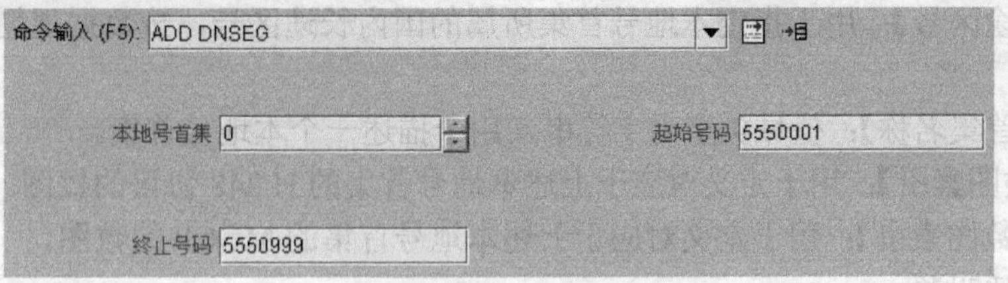

图 7-8　增加用户号段配置界面

（2）关键参数

【本地号首集】：用于指定该呼叫源所属的本地号首集，该参数必须先由"ADD LDNSET"命令定义，然后才能在此处索引。

【起始号码】、【终止号码】：用于定义号段的起止范围，其值域范围为"0～9"，最大长度为 12 位。终止号码必须大于或等于起始号码，且号长必须相等。

5．增加呼叫字冠

（1）MML 命令

本步骤是为 SoftX3000 系统增加呼叫字冠，使用 MML 命令"ADD CNACLD"。在本任务中，MML 命令为：

```
ADD CNACLD: PFX=K'555, MINL=7, MAXL=7, CHSC=0;
```

增加呼叫字冠的配置界面如图 7-9 所示。

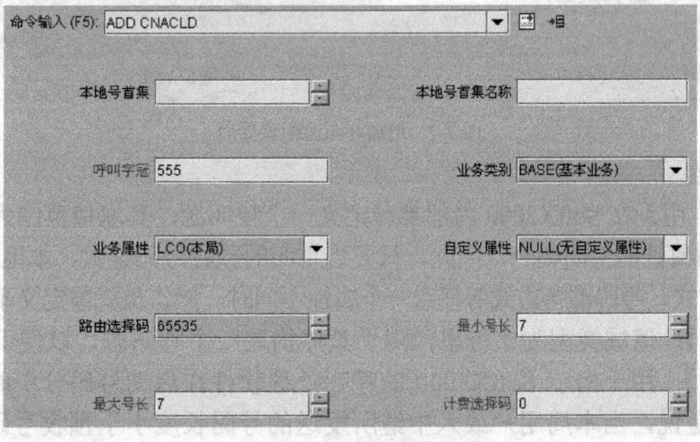

图 7-9　增加呼叫字冠配置界面

（2）关键参数

【本地号首集】：用于指定该呼叫源所属的本地号首集，该参数必须先由"ADD LDNSET"命令定义，然后才能在此处索引。

【呼叫字冠】：用于指示呼叫接续的号码，它反映了交换局的号码编排方案、计费规定、路由方案等信息，其值域范围为"0～9，A～E（不区分大小写），*，#"。在号码分析的过程中，系统将按照最大匹配的原则对被叫号码与呼叫字冠进行匹配，以确定本次呼叫的相关属性。

【最小号长】：用于定义在呼叫过程中以此呼叫字冠为前缀的被叫号码所必须满足的最小

号码长度。当被叫号码长度小于最小号长时，呼叫处理软件将不对其进行分析处理。

【最大号长】：用于定义在呼叫过程中以此呼叫字冠为前缀的被叫号码所允许的最大号码长度。当被叫号码长度大于最大号长时，则最大号长以后的号码无效，呼叫处理软件只按最大号长对被叫号码进行分析处理。

【计费选择码】：用于指定对在不同目的码（字冠）进行计费时所使用的计费选择码，它是进行目的计费的主要依据之一，取值范围为 0～65 534。该参数必须先由"ADD CHGIDX"命令定义，然后才能在此处索引。

（三）数据调测

（1）使用 MML 命令查询本局信息、本地号首集、呼叫源、号段、呼叫字冠的配置信息，检查数据配置是否有误，查询命令如表 7-4 所示。

表 7-4　　　　　　　　　　　　本局数据查询命令

序　号	MML 命　令	功　能
1	LST OFI	查询本局信息
2	LST LDNSET	查询本地号首集
3	LST CALLSRC	查询呼叫源
4	LST DNSEG	查询号段
5	LST CNACLD	查询呼叫字冠

（2）教师配置计费数据、添加用户后，验证同一号首集的用户之间能否打通电话。

📖任务总结

1．数图是驻留在媒体网关内的拨号方案，用于检测和报告终端接收的拨号事件。

2．呼叫源是指发起呼叫的用户或入中继。一般情况下，具有相同主叫属性的用户或入中继归属于同一个呼叫源。

3．呼叫字冠是被叫电话号码的前缀，是被叫电话号码中从第一位开始的一串连续的数字，它既可以是被叫号码的第一位或前几位，也可以是被叫用户的全部号码。

4．交换系统在进行被叫号码分析时，将采用最大匹配的原则。

5．号首是指呼叫源发出或拨打的被叫号码的前缀。

6．号首集是呼叫源能够拨打的全部号首（或字冠）的集合，它分为全局号首集与本地号首集。

7．全局号首集是具有全局意义的号首（或字冠）的集合，主要用于标识不同的网络。

8．本地号首集是具有局部意义的号首（或字冠）的集合，主要用于在一个网络内标识不同的本地网。

习题

一、判断题

1．若主叫用户的预收号码位数不同，则它们属于不同的呼叫源。

2．数图的格式由 SIP 定义，用于检测和报告终端接收的拨号事件。

3．全局号首集可以包含多个本地号首集，本地号首集只能属于某一个全局号首集。

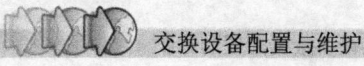

4. 号码 84797333 的呼叫字冠可以是 84797333。

5. 号码分析采用最小匹配原则。

6. 本局数据属于 SoftX3000 对接数据之一。

7. 在 NGN 网络中，软交换设备完成收号工作。

8. 呼叫字冠用来确定交换局所占用的号码资源。

二、简答题

1. 解释数图{ [2-8]xxxxxx|13xxxxxxxxx|0xxxxxxxxx|9xxxx|1[0124-9]x|E|F|x.F|[0-9].L}的含义。

2. 简要说明 SoftX3000 本局数据配置的基本步骤。

任务 8 SoftX3000 语音业务配置

SoftX3000 语音业务配置是软交换系统调试的基本内容。通过此任务的学习，学生可以了解媒体网关的功能，掌握语音业务配置方法，具备基本的故障分析和处理能力。

📖任务目的

1. 了解 H.248 协议的概念；

2. 熟悉 H.248 协议的消息类型；

3. 熟悉 H.248 协议的消息流程；

4. 掌握 UA5000 的硬件结构和单板功能；

5. 能够根据数据规划，完成 SoftX3000 语音业务的配置。

📖任务资讯

8.1 H.248 协议

下一代网络的一个重要特点是呼叫控制与承载分离，软交换设备完成呼叫控制功能，媒体网关完成媒体信息的处理。H.248 协议是软交换设备和媒体网关之间的一种媒体网关控制协议。

H.248 协议是在 MGCP 的基础上，结合其他媒体网关控制协议特点发展而成的一种协议，它提供控制媒体的建立、修改和释放机制，同时可携带某些随路呼叫信令，支持传统网络终端（如普通模拟话机）的呼叫。H.248 协议在下一代网络中发挥着重要作用。

与 MGCP 相比，H.248 协议可以支持更多类型的接入技术并支持终端的移动性，除此之外，H.248 协议克服了 MGCP 描述能力上的欠缺，能够支持更大规模的网络应用，而且更便于对协议进行扩充，因而灵活性更强。同时，H.248 协议提供文本编码和二进制编码两种编码格式，可基于 UDP/TCP/SCTP 等多种传输协议，提供更多的应用层支持，管理更简单。

8.1.1 H.248 协议连接模型

H.248 协议的目的是对媒体网关的承载连接行为进行控制和监视。为此，H.248 协议提出了网关的连接模型概念，模型的基本构件包括终端和关联。

1. 终端

（1）终端概念

终端（Termination）是媒体网关 MG 的一个逻辑实体，可以发送和/或接收一个或多个媒体流和控制流。终端有唯一的标志 Termination ID，它由 MG 在创建终端时分配。终端可支持信号，这些信号可以是 MG 产生的媒体流（如信号音和录音通知），也可以是随路信号（如 Hook Flash）。

（2）终端类型

① 半永久性终端。半永久性终端可以代表物理实体，如中继媒体网关 TMG 所连接的 PCM 中继线上的一个 TDM 信道，只要 TMG 连接了该中继，这个终端就始终存在。

② 临时性终端。临时性终端可以代表临时性的信息流，例如 RTP 流。这类终端只有当 MG 使用这些信息流时才存在，否则将被释放。

③ 根终端。根终端（Root）是特殊的终端，代表整个 MG。当 Root 作为命令的输入参数时，命令可以作用于整个网关，而不是一个终端。

（3）终端特性。终端可用特性进行描述，每类终端都有自己的特性，这些特性可以分为以下 4 类。

① 性质（Property）：分为终端状态特性和媒体流特性。终端状态特性主要表示终端所处的服务状态（如正常服务、退出服务或测试），媒体流特性主要表示临时性终端的媒体属性（如收/发模式、编码格式、编码参数等）。

② 事件（Event）：终端需要监测并报告软交换的事件，如承载建立、网络拥塞、语音质量下降等事件。

③ 信号（Signal）：软交换要求媒体网关对终端产生的动作，如放忙音、发送 DTMF 信号、录音通知等。

④ 统计（Statistic）：指示终端应该采集并上报给软交换的统计数据。

2. 关联

（1）关联概念

关联（Context）是同一个 MG 上多个终端之间的联系，实际上对应为呼叫，同一个关联中的终端之间可以相互通信（不包括空关联）。有一种特殊的关联称为空关联（Null），它包含所有那些与其他终端没有联系的终端。例如，在中继网关中，所有的空闲中继线就是空关联中的终端。

根据 MG 的业务特点不同，关联中可以包含的最大终端数目就不同。例如，仅支持点到点连接的媒体网关只允许关联中最多包含两个终端，而支持多点会议的媒体网关允许关联中包含多个终端。一个关联至少要包含一个终端，同时一个终端一次也只能属于一个关联。

（2）关联特性

H.248 协议规定关联具有以下特性。

① 关联标识符（Context ID）：一个在关联创建时由媒体网关 MG 选择的 32 位整数，在 MG 范围内是独一无二的。

② 拓扑结构（Topology）：描述关联中终端之间的媒体的流向，有单向、双向、隔离 3 种连接值。

③ 关联优先级（Priority）：用于指示 MG 处理关联时的先后次序。H.248 协议规定"0"为最低优先级，"15"为最高优先级。

④ 紧急呼叫的标识符（Indicator for Emergency Call）：MG 优先处理带有紧急呼叫标识符的呼叫。

（3）关联模型

关联模型如图 8-1 所示。

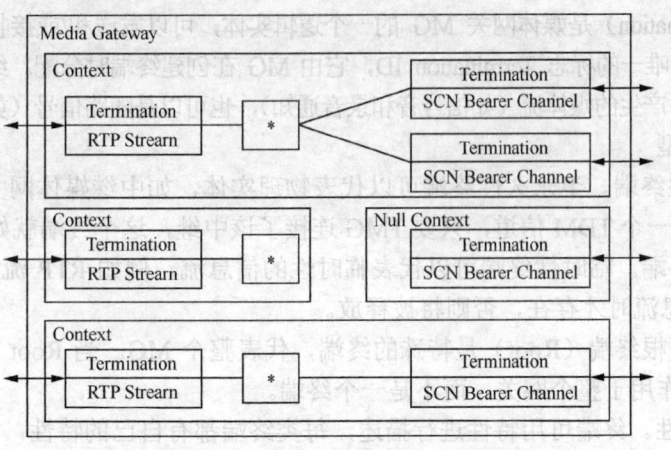

图 8-1 关联模型

8.1.2 H.248 协议栈结构

H.248 协议消息可基于 UDP/IP 传输，还可基于其他多种传输协议传输，如承载在 IP 网络上的 TCP、SCTP 和 M3UA，承载在 ATM 上的 MTP3-B 等。

在固网 NGN 中，H.248 协议一般承载在 UDP/IP 或 TCP/IP 上，在移动网中，一般以 SCTP/IP 或 M3UA/SCTP/IP 作为 H.248 协议的承载，前者适用于纯 IP 连接，后者适用于 IP&ATM 混合连接，如图 8-2 所示。

H.248
UDP/TCP/SCTP
IP
MAC

图 8-2 H.248 协议栈

8.1.3 H.248 协议消息类型

1. 命令

H.248 定义了 8 个命令，用于对协议连接模型中的逻辑实体（关联和终端）进行操作和管理，提供了对关联和终端进行完全控制的机制。H.248 协议规定的命令大部分由 MGC 作为命令起始者发送，MG 作为命令响应者接收，从而实现 MGC 对 MG 的控制。但是，Notify 和 ServiceChange 命令除外。Notify 命令由 MG 发送给 MGC，而 ServiceChange 既可以由 MG 发起，也可以由 MGC 发起。

H.248 协议规定的命令及其含义如表 8-1 所示。

表 8-1   H.248 协议命令

命令名称	命令代码	命令方向	含 义
Add	ADD	MGC→MG	向一个关联添加一个终端
Modify	MOD	MGC→MG	修改一个终端的特性、事件和信号
Subtract	SUB	MGC→MG	从一个关联删除某终端
Move	MOV	MGC→MG	将一个终端从一个关联转移到另一个关联
AuditValue	AUD_VAL	MGC→MG	获取有关终端的当前特性、事件、信号和统计信息
AuditCapabilities	AUD_CAP	MGC→MG	获取媒体网关所允许的终端特性、事件、信号和统计的所有可能取值

续表

命令名称	命令代码	命令方向	含 义
Notify	NTFY	MG→MGC	MG 使用该命令向 MGC 报告 MG 中所发生的事件
ServiceChange	SVC_CHG	MGC↔MG	MG 可以使用该命令向 MGC 报告一个或一组终端将要退出服务或者刚恢复正常服务、向 MGC 发起注册、通知 MGC 终端状态已改变；MGC 可以使用该命令通知 MG 将一个或者一组终端退出服务或恢复正常服务、通知 MG 控制已由另一 MGC 接替

2. 响应

所有的 H.248 命令都要接收者回送响应。命令和响应的结构基本相同，命令和响应之间由事务 ID 相关联。响应有"Reply"和"Pending"两种。"Reply"表示已经完成了命令执行，返回执行成功或失败信息；"Pending"指示命令正在处理，但没有完成。当命令处理时间较长时，可以防止发送者重发事务请求。

8.1.4　H.248 协议消息流程

同一 MG 下的两个终端之间的呼叫建立和释放流程如图 8-3 所示。本流程示例中，终端 1 的物理终端 ID 为 A0，User1 与 A0 连接；终端 2 的物理终端 ID 为 A1，User2 与 A1 连接；User1 为主叫，User2 为被叫，主叫先挂机；MGC 的 IP 地址和端口号为 10.26.102.13:2944；MG 的 IP 地址和端口号为 10.26.102.20：2944。

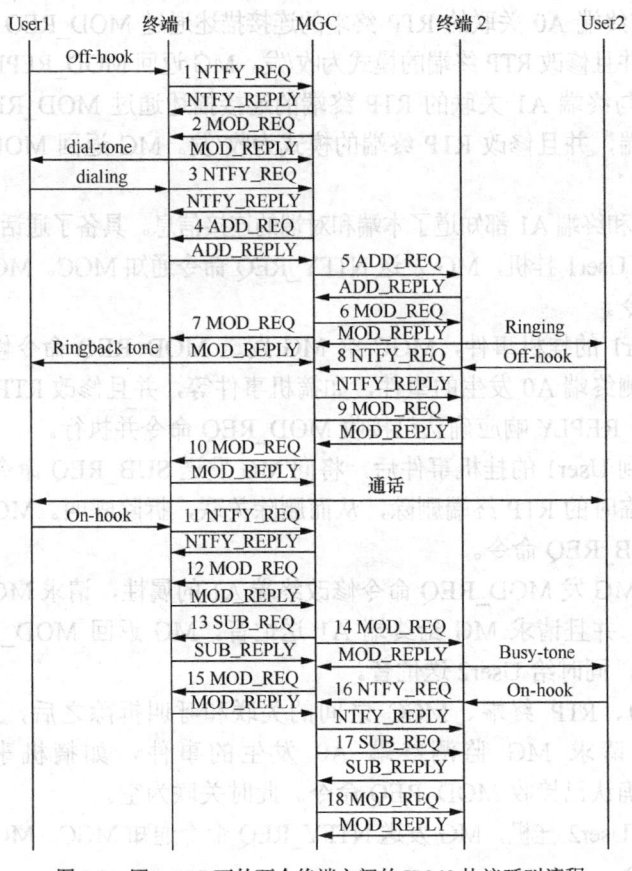

图 8-3　同一 MG 下的两个终端之间的 H.248 协议呼叫流程

（1）终端 A0 对应的主叫用户 User1 摘机，网关通过 NTFY_REQ 命令，把摘机事件通知给 MGC。MGC 确认收到用户摘机事件，回应答消息。

（2）MGC 收到主叫用户摘机事件后，通过 MOD_REQ 命令指示网关给 A0 终端对应的 User1 放拨号音，并且把数图通知给终端 A0，要求根据数图收号，并同时检测用户挂机事件。终端 A0 返回 MOD_REPLY 响应 MGC 的 MOD_REQ 命令，并给 User1 送拨号音。

（3）User1 拨号，终端 A0 对所拨号码进行收集，并与对应的数图进行匹配，匹配成功，通过 NTFY_REQ 命令发送给 MGC。MGC 发 NTFY_REPLY 响应确认收到 A0 的 NTFY_REQ 命令。

（4）MGC 在 MG 中创建一个新关联，并在关联中加入 TDM 半永久性终端和 RTP 临时性终端。MG 返回 ADD_REPLY 响应，分配新的连接描述符、新的 RTP 终端描述符。

（5）MGC 进行被叫号码分析后，确定被叫 User2 与 MG 的物理终端 A1 相连。因此，MGC 使用 ADD_REQ 请求 MG 把物理终端 A1 和某个 RTP 终端加入到一个新的关联中。MG 返回 ADD_REPLY 响应，分配新的连接描述符、新的 RTP 终端描述符。

（6）MGC 发送 MOD_REQ 命令给终端 A1，修改终端 A1 的属性并请求 MG 给 User2 振铃。MG 返回 MOD_REPLY 响应进行确认，同时给 User2 振铃。

（7）MGC 发送 MOD_REQ 命令给终端 A0，修改终端 A0 的属性并请求 MG 给 User1 送回铃音。MG 返回 MOD_REPLY 响应进行确认，同时给 User1 送回铃音。

（8）被叫 User2 摘机，MG 把摘机事件通过 NTFY_REQ 命令通知 MGC。MGC 返回 NTFY_REPLY 响应进行确认。

（9）MGC 把与终端 A0 关联的 RTP 终端的连接描述通过 MOD_REQ 命令送给与终端 A1 关联的 RTP 终端，并且修改 RTP 终端的模式为收/发。MG 返回 MOD_REPLY 响应进行确认。

（10）MGC 把与终端 A1 关联的 RTP 终端的连接描述通过 MOD_REQ 命令送给与终端 A0 关联的 RTP 终端，并且修改 RTP 终端的模式为收/发。MG 返回 MOD_REPLY 响应进行确认。

此时，终端 A0 和终端 A1 都知道了本端和对端的连接信息。具备了通话条件，开始通话。

（11）主叫用户 User1 挂机，MG 发送 NTFY_REQ 命令通知 MGC。MGC 发 NTFY_REPLY 确认已收到通知命令。

（12）收到 User1 的挂机事件，MGC 给 MG 发送 MOD_REQ 命令修改终端 A0 属性，请求网关进一步检测终端 A0 发生的事件，如摘机事件等，并且修改 RTP 终端的模式为去激活。MG 发送 MOD_REPLY 响应确认已接收 MOD_REQ 命令并执行。

（13）MGC 收到 User1 的挂机事件后，将向 MG 发送 SUB_REQ 命令，把关联中的所有的半永久型终端和临时的 RTP 终端删除，从而删除关联，拆除呼叫。MG 返回 SUB_REPLY 响应确认已接收 SUB_REQ 命令。

（14）MGC 给 MG 发 MOD_REQ 命令修改终端 A1 的属性，请求 MG 监测终端 A1 发生的事件，如挂机等，并且请求 MG 给终端 A1 送忙音。MG 返回 MOD_REPLY 响应确认收到 MOD_REQ 命令，同时给 User2 送忙音。

（15）终端 A0、RTP 终端、MGC 之间的关联和呼叫拆除之后，MGC 向 MG 发送 MOD_REQ 命令，请求 MG 监测终端 A0 发生的事件，如摘机事件等。MG 返回 MOD_REPLY 响应确认已接收 MOD_REQ 命令。此时关联为空。

（16）被叫用户 User2 挂机，MG 发送 NTFY_REQ 命令通知 MGC。MGC 发 NTFY_REPLY 确认已收到通知命令。

（17）MGC 收到 User2 的挂机事件后，将向 MG 发送 SUB_REQ 命令，把关联中的半永久型终端和临时的 RTP 终端删除，从而删除关联，拆除呼叫。MG 返回 SUB_REPLY 响应确认已接收 SUB_REQ 命令。

（18）终端 A1、RTP 终端、MGC 之间的关联和呼叫拆除之后，MGC 向 MG 发送 MOD_REQ 命令，请求 MG 监测终端 A1 发生的事件，如摘机事件等。MG 返回 MOD_REPLY 响应确认已接收 MOD_REQ 命令。此时关联为空。

8.2 接入网关 UA5000

随着用户对电信业务的需求与日俱增，提供大容量、高速率、高质量的语音、数据、视频、多媒体等综合业务成为接入网发展的方向。

UA5000 是宽窄带一体化综合业务接入设备，在提供高质量的语音接入业务、宽带接入业务的同时，还向用户提供功能完善的 IP 语音接入业务，以及以 IPTV 为代表的多媒体业务。

8.2.1 机柜

UA5000 作为接入网关产品，应用于 NGN 网络接入层，可采用 ONU-F02A 机柜。ONU-F02A 是 UA5000 产品系列中的高密度室内型后维护设备，由机柜、业务框、信号转接盒、直流配电框/电源系统（根据实际情况选配）、环境监控框和传输设备（选配）组成。该机柜配置 HABA 机框时，最大用户数为全POTS 用户 960 线，全 ADSL 用户 480 线，POTS& ADSL 合一用户为 480 线。

8.2.2 机框

HABA 业务框的外形如图 8-4 所示。HABA 业务框有 36 个槽位，顶部和中间各有一个风扇框槽位，共可配置两个风扇框。业务框通过挂耳固定在机柜中。当HABA 业务框配置的宽带业务板和宽窄带合一板少于 12 块时，默认只在中间槽位配置一个风扇框。

HABA 业务框通过配置不同的单板实现如下功能。

（1）宽带方面，支持宽带上网、IPTV、宽带专线业务。

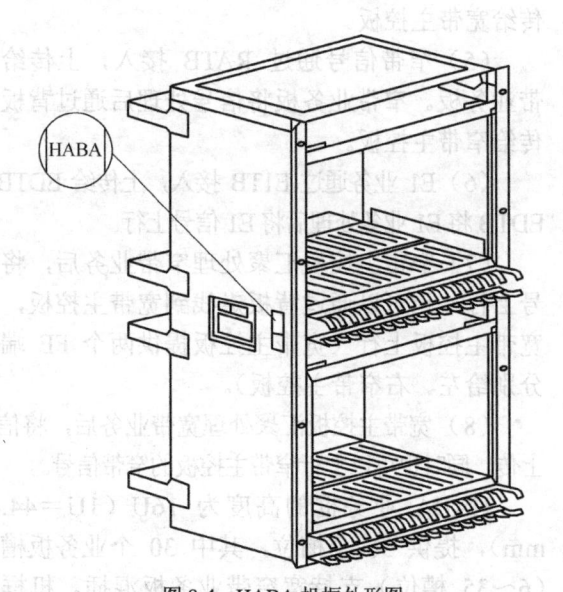

图 8-4 HABA 机框外形图

（2）窄带方面，支持 IP 语音、传统语音业务以及窄带专线业务。

HABA 业务框的内部信号工作原理如图 8-5 所示，图中各信号流向如下。

（1）电源接口通过背板给各个单板提供-48 V 电源。

（2）PWX 将-48 V 电源转换为+5 V 电源、-5 V 电源和铃流电源，通过背板提供给各个窄带业务板。

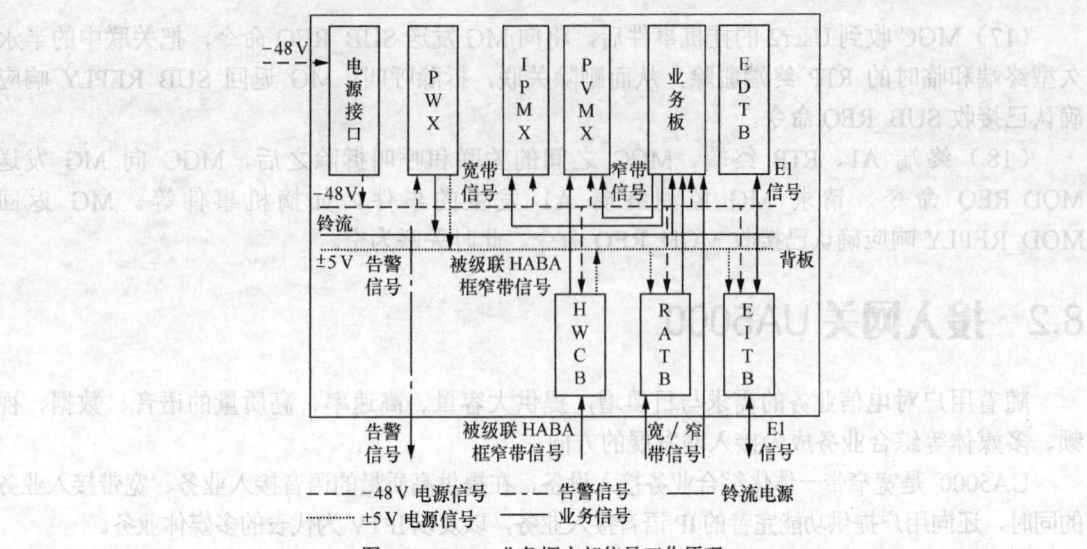

图 8-5　HABA 业务框内部信号工作原理

（3）HWCB 将−48 V 电源转换为+5 V 电源，通过背板提供给转接板。同时将辅框的窄带业务信号汇聚，上传给窄带主控板。

（4）宽带信号通过 RATB 接入，上传给宽带业务板。宽带业务板将信号处理后通过背板上传给宽带主控板。

（5）窄带信号通过 RATB 接入，上传给窄带业务板。窄带业务板将信号处理后通过背板上传给窄带主控板。

（6）E1 业务通过 E1TB 接入，上传给 EDTB。EDTB 将 E1 业务处理后将 E1 信号上行。

（7）窄带主控板汇聚处理窄带业务后，将信号上行，也可以通过背板走线到宽带主控板，由宽带主控板上行（宽带主控板提供两个 FE 端口分别给左、右窄带主控板）。

（8）宽带主控板汇聚处理宽带业务后，将信号上传，同时也可以上行窄带主控板的窄带信号。

HABA 业务框的高度为 16U（1U＝44.45 mm），提供 36 个槽位，其中 30 个业务板槽位（6～35 槽位）支持宽窄带业务板混插。机框配置如图 8-6 所示。

风扇框																	
0																	17
二次电源板	二次电源板	宽带主控板	宽带主控板	窄带主控板	窄带主控板	业务板	业务板	业务板	业务板	业务板	业务板	业务板	业务板	业务板	业务板	业务板	业务板
走线区																	
风扇框																	
18																	35
业务板	业务板	业务板	业务板	业务板	业务板	业务板	业务板	业务板	业务板	业务板	业务板	业务板	业务板	业务板	业务板	业务板	业务板
走线区																	

图 8-6　HABA 业务框配置图

8.2.3　单板

HABA 业务框可插 PWX 二次电源板、IPMD/IPMB 宽带主控板、PVMB/PVMD 窄带主控板、ADRB/ADRI 宽带业务板、ASL/A32 窄带业务板、CSRB 宽窄带合一板、EP1A/GP1A 上行接口板、TSSB 测试板等单板。

1．PWX

PWX 是二次电源板，可提供+5 V DC、−5 V DC 和 75 V AC 25 Hz 铃流输出。

通常 1 个业务框要求配置 2 块电源板实现备份和负荷分担功能，也可配置 1 块 PWX。PWX 上报运行状态给 TSS 或者设备主控板，该板插在 0、1 槽位。

PWX 功能和特点如下。

（1）直流电源输出限流保护。

（2）电源板内的各电源模块保护功能。

（3）现场声光告警。

2．PVMD

PVMD 是分组语音处理板，用于管理窄带业务单板。PVMD 既支持将 TDM 语音信号通过 V5 接口上行到 LE（Local Exchange），也可以将 TDM 语音信号封装成 IP 包后通过 FE（Fast Ethernet）或 GE 接口上行到软交换设备。PVMD 主备双配，最大支持 1 024 个语音通道，该单板插在 4、5 槽位。

PVMD 单板的基本原理如下。

（1）控制模块实现 PVMD 的控制和管理。

（2）TDM 交换模块实现 HW 信号和 TDM 语音信号的转换。

（3）VoIP 业务处理模块实现 TDM 语音信号和 IP 报文的相互转换。

（4）LSW 交换模块提供 FE 接口，实现 IP 报文到城域网传递。

（5）电源模块为单板内各功能模块提供工作电源。

（6）时钟模块为单板内各功能模块提供工作时钟。

3．IPMD

IPMD 是 IP 业务处理板，用于汇聚、处理宽带业务，同时转发 PVMD 的 VoIP 业务，通过 FE/GE 电口或 GE 光口实现 IP 上行。IPMD 双配时，支持 32 路宽带业务通道，也支持 12 路 GE 业务通道，该单板插在 2、3 槽位。

IPMD 单板的基本原理如下。

（1）控制模块实现各个模块的管理和控制以及控制主备倒换功能。

（2）交换和业务处理模块提供 FE、GE 接口，实现业务交换、QoS 保证、队列调度和安全控制功能，并且提供星型宽带总线连接到背板的各个业务板。

（3）电源模块为单板内各功能模块提供工作电源。

（4）时钟模块为单板内各功能模块提供工作时钟。

4．A32

A32 是 32 路模拟用户板，提供 32 路模拟用户接口，完成模拟用户电路的 BORSCHT 功能。用户信号通过背板与窄带主控板交互，由主控板实现 PSTN 业务上行。32 路用户都支持 A/μ 律，不支持端口备份。该单板可以插在 6～35 槽位。

5．ADRB

ADRB 是 32 路 ADSL/ADSL2+业务板，内置 600 Ω 纯阻抗分离器和防护电路。通过宽带总线与宽带主控板交互，由宽带主控板实现 IP 上行，该单板可以插在 6～35 槽位。

ADRB 的基本原理如下。

（1）控制模块实现单板上各芯片的初始化与状态的控制。

（2）宽带处理模块实现宽带信号的处理功能，处理和转发主控板和控制模块之间的控制信号。

（3）分离器模块从混合信号中分离出 POTS 信号和 ADSL/ADSL2+信号。

（4）电源模块为单板内各功能模块提供工作电源。

（5）时钟模块为单板内各功能模块提供统一的时钟信号。

6. TSSB

TSSB 是应用于 UA5000 系统中的用户电路测试板，主要完成窄带系统中模拟用户接口（Z 接口）性能指标测试功能。通过窄带主控板或者宽带主控板对 TSSB 进行控制以实现对用户板的内线、外线和话机进行测试，同时支持宽带 CPE 仿真功能，并将测试结果上报主机，该单板插在 17 槽位。

TSSB 单板的基本原理如下。

（1）最小系统和控制逻辑模块实现对 TSSB 的控制和管理。

（2）A/D 模块完成采集信号转变。

（3）万用表模块完成模拟信号计算。

（4）通道控制模块完成测试项目选择。

（5）内线测试模块完成对用户板性能指标测量。

（6）外线测试模块完成对 A/B 线路性能指标测量。

（7）话机测试模块完成对终端话机测试。

（8）环境告警采集发送模块完成外部电源告警信号输入和转发。

7. HWCB

HWCB 是后维护主框 HW 转接板，用于 HABA 框，提供 2 个 E1 接口和 2 个 HW 级联接口。

HWCB 单板的基本原理如下。

（1）用于 HABA 框时，单板将来自窄带主控板的 8M HW 信号一部分通过 CPLD 降速成 2M HW 给主框（HABA）下半框用户板，一部分通过级联线送给从框（HABA）HWTB 板。

（2）单板将窄带主控板出的 E1 信号透明传输，通过电缆连到上层 E1 接入设备。

（3）板内有一个-48 V 转+5 V 的电源模块，给板内电路供电，并可以通过背板向其他转接板提供+5 V 电源。

📖 任务实施

一、任务描述

当媒体网关通过 IP 城域网接入 SoftX3000 时，可以为用户提供模拟用户线端口，以便运营商能通过 IP 城域网向用户提供语音业务。媒体网关可采用 MGCP 或 H.248 协议与 SoftX3000 对接，在实际组网环境中，媒体网关可以是 IAD、AMG 或 TMG 等。图 8-7 所示为 SoftX3000 通过 H.248 协议与 UA5000 对接，要求用户 1～用户 4 之间能够实现语音通信。

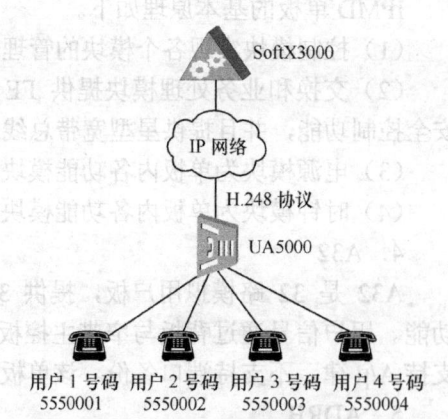

图 8-7　语音业务配置组网图

二、实践操作

（一）数据规划

在开通语音业务时，首先应配置 SoftX3000 侧的数据。因此，在配置前，应对

SoftX3000 与 UA5000 之间的以下主要对接参数进行规划，如表 8-2 所示。

表 8-2 UA5000 对接 SoftX3000 数据规划表

序　号	对　接　参　数	参　数　值
1	H.248 协议编码类型	ABNF（text，文本方式）
2	UA5000 使用的 MG 接口	0
3	UA5000 使用的 MG 口地址	10.26.102.20/24
4	UA5000 的媒体地址	10.26.102.20/24
5	SoftX3000 业务接口地址	10.26.102.13/24
6	UA5000 使用端口	2944
7	SoftX3000 使用端口	2944
8	UA5000 域名	ua5000.com
9	UA5000 是否开启 H.248 协议三次握手	是
10	UA5000 用户起始端口（即用户标识）	0
11	号首集	用户 1～用户 4 属于本地号首集 0
12	呼叫源	用户 1～用户 4 属于呼叫源 0
13	号段	号首集 0 号段：5550001～5550999
14	呼叫字冠	号首集 0 呼叫字冠：555
15	用户号码	用户 1：5550001，用户 2：5550002 用户 3：5550003，用户 4：5550004

（二）数据配置

SoftX3000 语音业务配置的一般流程如图 8-8 所示。

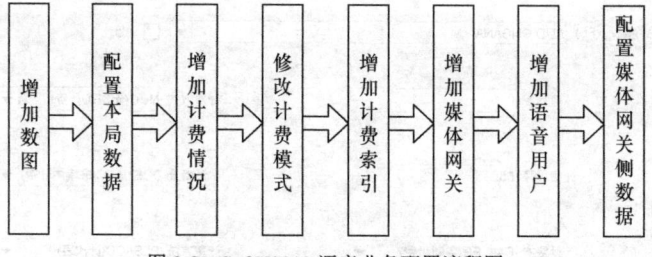

图 8-8　SoftX3000 语音业务配置流程图

SoftX3000 语音业务配置包括增加数图、配置本局数据、增加计费情况、修改计费模式、增加计费索引、增加媒体网关、增加语音用户、配置媒体网关侧数据等部分。

1．增加数图

（1）MML 命令

支持 H.248 协议的媒体网关（如 UA5000）的数图是由 SoftX3000 下发的，维护人员可以使用系统默认的 H.248 协议数图，也可以根据现网号码规划增加相应的数图。本步骤用于增加数图，使用 MML 命令"ADD DMAP"。在本任务中，MML 命令为：

```
ADD DMAP: PROTYPE=H248, DMAPIDX=0, PARTIDX=0, DMAP="[2-8]xxxxxx";
ADD DMAP: PROTYPE=MGCP, DMAPIDX=0, PARTIDX=0, DMAP="[2-8]xxxxxx ";
```

增加数图的配置界面如图 8-9 所示。

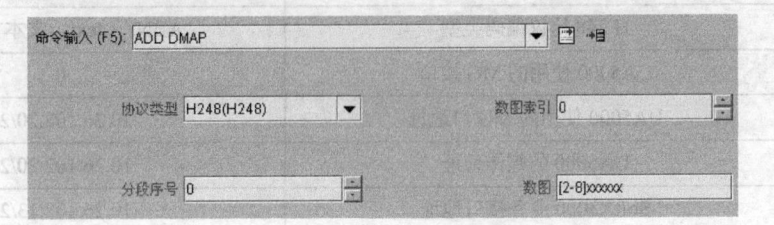

图 8-9 增加数图配置界面

（2）关键参数

【协议类型】：用于定义数图适用的 H.248 协议或 MGCP 协议。

【数图索引】：用于唯一标识一个数图，在全局范围内统一编号。

【分段序号】：用于唯一标识一个数图的某个部分，在一个数图内统一编号。

【数图】：用于定义数图，最大字符数为 2 000。

2．配置本局数据

本步骤用于配置本局数据，包括本局信息、本地号首集、呼叫源、号首集对应的号段以及呼叫字冠等，配置流程及方法可参考 SoftX3000 本局数据配置。

3．增加计费情况

（1）MML 命令

本步骤用于在 SoftX3000 系统中增加计费情况，使用 MML 命令"ADD CHGANA"。在本任务中，MML 命令为：

```
ADD CHGANA: CHA=0, CHGT=PLSACC, BNS=0, CONFIRM=Y;
```

增加计费情况的配置界面如图 8-10 所示。

图 8-10 增加计费情况配置界面

（2）关键参数

【计费情况】：用于在 SoftX3000 的内部唯一定义一种计费分析情况，其取值范围为 0～29 999。

【计费方法】：用于定义呼叫记录的类型，它可以是详细话单、计次表，也可以是计次表与详细话单的组合。一般情况下，计次表用于本地呼叫计费，详细话单用于长途呼叫计费。

【计费号码本地号首集】：当付费方为第三方付费时，用于指定第三方计费号码的本地号首集。该参数仅当计费号码类型为本局用户号码时有效。

4．修改计费模式

（1）MML 命令

本步骤是为 SoftX3000 系统修改计费模式，使用 MML 命令"MOD CHGMODE"。在本任务中，MML 命令为：

```
MOD CHGMODE: CHA=0, DAT=NORMAL, TA1="180", PA1=1, TB1="60", PB1=1,
CONFIRM=Y;
```

修改计费模式的配置界面如图 8-11 所示。

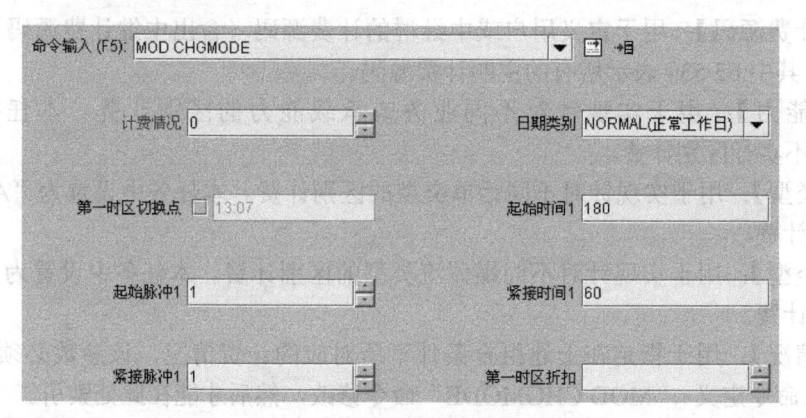

图 8-11 修改计费模式配置界面

（2）关键参数

【计费情况】：用于指定需要修改计费制式的计费情况，该参数必须先由"ADD CHGANA"命令定义，然后才能在此处索引。

【日期类别】：用于指定本条记录所对应的日期类别，本任务中设置为正常工作日。

【起始时间 1】、【起始脉冲 1】、【紧接时间 1】、【紧接脉冲 1】：这 4 个参数用于描述在第一时区内对通话时长进行计费的制式。其中，起始时间 1、紧接时间 1 用于描述计次时长，单位为"秒"；起始脉冲 1、紧接脉冲 1 用于描述计次数量。本任务中，上述 4 个参数分别定义为"180/1/60/1"，表示在通话最初的 3 min 内，共记录 1 次，以后每隔 1 min 就记录 1 次。

5．增加计费索引

（1）MML 命令

本步骤是为 SoftX3000 系统增加计费索引，使用 MML 命令"ADD CHGIDX"。在本任务中，MML 命令为：

```
ADD CHGIDX: CHSC=0, RCHS=0, LOAD=ALL, BT=ALLBT, CODEC=ALL, CHA=0,
CONFIRM=Y;
```

增加计费索引的配置界面如图 8-12 所示。

（2）关键参数

【计费选择码】：用于定义针对不同目的码（字冠）进行计费时的选择码，它是进行目的计费的主要判断依据之一，其取值范围为 0～65 534。一个呼叫字冠（即目的码）唯一对应

一个计费选择码。

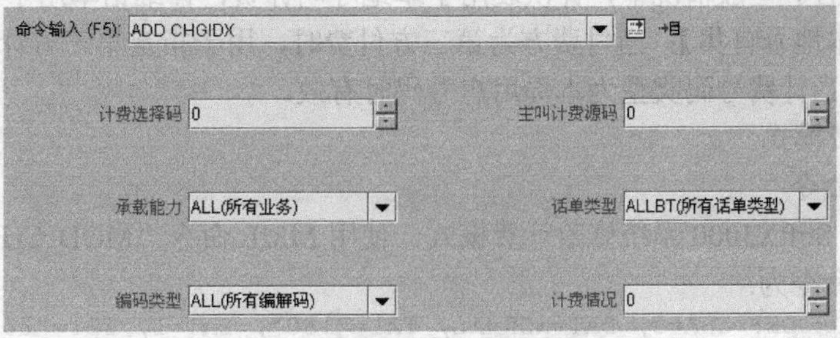

图 8-12　增加计费索引配置界面

【主叫计费源码】：用于定义用户或中继群的计费源码（含出中继计费源码），取值范围 0～65 534，其中 65 534 表示所有的主叫计费源码。

【承载能力】：用于实现针对不同业务或承载能力的区别计费。本任务中设置为"ALL"，即不实行区别计费。

【话单类型】：用于实现针对不同话单类型的区别计费。本任务中设置为"ALLBT"，即不实行区别计费。

【编码类型】：用于实现针对不同媒体流类型的区别计费。本任务中设置为"ALL"，即不实行区别计费。

【计费情况】：用于指定在上述组合条件下所对应的计费情况，该参数必须先由"ADD CHGANA"命令定义、"MOD CHGMODE"命令修改，然后才能在此处索引。

6．增加媒体网关

（1）MML 命令

本步骤用于在 SoftX3000 系统中添加媒体网关，在现网中，每个媒体网关都需要单独配置，使用 MML 命令"ADD MGW"。在本任务中，MML 命令为：

```
ADD MGW: EID="10.26.102.20:2944", GWTP=AG, MGCMODULENO=22,
PTYPE=H248, LA="10.26.102.13", RA1="10.26.102.20",
LISTOFCODEC=PCMA-1&PCMU-1&G7231-1&G729-1&G726-1, ET=NO,
SUPROOTPKG=NS, MGWFCFLAG=FALSE;
```

增加媒体网关的配置界面如图 8-13 所示。

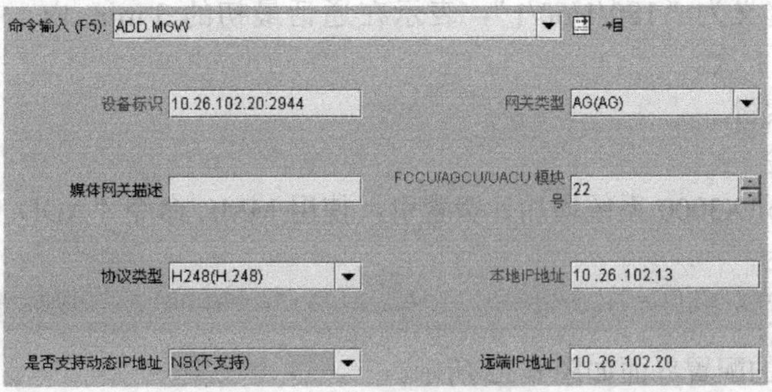

图 8-13　增加媒体网关配置界面

（2）关键参数

【设备标识】：SoftX3000 与媒体网关的对接参数之一，相当于媒体网关的注册账号，用

于在 SoftX3000 内部唯一标识一个媒体网关，其值域类型为字符串，最长为 32 个字符。对于采用 H.248 协议的媒体网关，其格式为"IP 地址:端口号"。

【网关类型】：用于指定所增加的媒体网关的类型，其类型共有 AG、TG、IAD、UMG、MRS、MTA6 种。

【FCCU/AGCU/UACU 模块号】：用于指定在 SoftX3000 侧处理该媒体网关呼叫控制消息的 FCCU/AGCU/UACU 板的模块号，其取值范围为 22～101。该参数必须先由"ADD BRD"命令定义，然后才能在此处索引。

【协议类型】：SoftX3000 与媒体网关的对接参数之一，用于指定该媒体网关所采用的协议是 MGCP 还是 H.248。

【本地 IP 地址】：SoftX3000 与媒体网关的对接参数之一，用于指定在 SoftX3000 侧处理该媒体网关所有协议消息的 FE 端口的 IP 地址。该参数必须先由"ADD FECFG"命令定义，然后才能在此处索引。

【远端 IP 地址 1】：SoftX3000 与媒体网关的对接参数之一，用于指定该媒体网关的 IP 地址。

7．增加语音用户

（1）MML 命令

本步骤是为 SoftX3000 系统增加语音用户，使用 MML 命令"ADD VSBR"。在本任务中，MML 命令为：

```
    ADD VSBR: D=K'5550001, LP=0, DID=ESL, MN=22, EID="10.26.102.20:
2944", TID="0", CODEC=PCMA, RCHS=0, CSC=0, UTP=NRM, CNTRX=NO, PBX=NO,
CHG=NO, ENH=NO;
    ADD  VSBR:  D=K'5550002,  LP=0,  DID=ESL,  MN=22,  EID="10.26.
102.20:2944", TID="1", CODEC=PCMA, RCHS=0, CSC=0, UTP=NRM, CNTRX=NO,
PBX=NO, CHG=NO, ENH=NO;
    ADD VSBR: D=K'5550003, LP=0, DID=ESL, MN=22, EID="10.26.102.20:
2944", TID="2", CODEC=PCMA, RCHS=0, CSC=0, UTP=NRM, CNTRX=NO, PBX=NO,
CHG=NO, ENH=NO;
    ADD VSBR: D=K'5550004, LP=0, DID=ESL, MN=22, EID="10.26.102.20:
2944", TID="3", CODEC=PCMA, RCHS=0, CSC=0, UTP=NRM, CNTRX=NO, PBX=NO,
CHG=NO, ENH=NO;
```

增加语音用户的配置界面如图 8-14 所示。

图 8-14 增加语音用户配置界面

（2）关键参数

【用户号码】：用于指定分配给该用户的电话号码。除了 PBX 用户以外，其他类型的用户必须输入用户号码。

【本地号首集】：用于指定该用户所属的本地号首集，即指示呼叫处理软件在哪个本地号首集的号码分析表中分析该用户所拨打的所有被叫号码，该参数必须先由"ADD LDNSET"命令定义，然后才能在此处索引。

【端口类型】：用于指示该用户的用户类型为 ESL 用户、普通 V5 用户、WS 归属用户还是 WS 漫游用户，系统默认为 ESL 用户。

【FCCU 模块号】：用于指定在 SoftX3000 侧处理该用户呼叫的 FCCU 板的模块号，其取值范围为 22~101。该参数必须先由"ADD BRD"命令定义，然后才能在此处索引。

【设备标识】：该参数仅在配置 ESL 用户时有效，用于指定该 ESL 用户所属媒体网关的设备标识，即该 ESL 用户是挂在哪个媒体网关之下的。该参数必须先由"ADD MGW"命令定义，然后才能在此处索引。

【终端标识】：该参数仅在配置 ESL 用户时有效，用于指定该 ESL 用户在所属媒体网关中的物理端口号。

【优选编码方式】：用于指示 SoftX3000 在呼叫接续的过程中控制媒体网关对该用户的 RTP 音频媒体流将优先采用哪种语音编码方式，系统默认为"G.711A"。

【计费源码】：用户的计费属性之一，该参数必须先由"ADD CHGIDX"命令定义，然后才能在此处索引。

【呼叫源码】：用于指定该用户所属的呼叫源，该参数必须先由"ADD CALLSRC"命令定义，然后才能在此处索引。

8．配置媒体网关侧数据

不同厂商、不同类型的 H.248 协议媒体网关，其配置方法不同，下面以 UA5000 为例介绍如何配置媒体网关侧数据。

```
//登录用户名：root，密码：admin
User name:root
User password:
UA5000>enable
UA5000#config
//切换协议为 H248 协议（注意：每次切换协议，要保存配置，并重启主控板）
UA5000〈config〉#protocol support h248
y
UA5000〈config〉#save
//重启主控板，将断开连接，之后再重新连接到设备
UA5000〈config〉#reboot active
//设置工作模式：独立上行
UA5000<config>#working mode alone
//对接 MGC 部分
//创建并进入 MG 接口 0
UA5000(config)#interface h248 0
y
//配置 MG 接口 0，IP：10.26.102.20，端口：2944，业务地址：10.26.102.20，
MGCIP：10.26.102.13，端口：2944
UA5000(config-if-h248-0)#if-h248    attribute    mgip    10.26.102.20
```

```
mgport 2944 code text transfer udp domainName ua5000.com mgcip_1
10.26.102.13 mgcport_1 2944 mg-media-ip 10.26.102.20
    //配置 H248 协议栈参数
    UA5000(config-if-h248-0)#h248stack tr responseackctrl true
    //重启 MG 口
    UA5000(config-if-h248-0)#reset coldstart
    y
    UA5000(config-if-h248-0)#quit
    //查询 MG 口连接情况
    UA5000(config)#display if-h248 all
    //配置用户信息
    UA5000(config)#esl user
    //批量配置用户号码，起始端口：0/18/0，终止端口：0/18/3，对应 MG 接口：0，起始
设备号：0，用户号码：5550001
    UA5000(config-esl-user)#mgpstnuser batadd 0/18/0 0/18/3 0 terminalid
0 telno 5550001
    //批量使能语音质量增强功能，起始端口：0/18/0，终止端口：0/18/3，使能自动增
益：agc enable 15 对应 24dm，使能背景噪声抑制：20dbm
    UA5000(config-esl-user)#pstnport vqe batset 0/18/0 0/18/3 agc
enable agC-Level 15 snS enable sNS-Level 20
    UA5000(config-esl-user)#quit
```

（三）数据调测

1. 检查网络连接是否正常

在 SoftX3000 客户端的接口跟踪任务中使用"Ping"工具，检查 SoftX3000 与 UA5000 之间的网络连接是否正常。如果网络连接正常，继续后续步骤；如果网络连接不正常，在排除网络故障后继续后续步骤。例如，检查各网线的物理连接是否正常、检查各设备 IP 路由数据的配置是否正确等。

2. 检查 UA5000 是否已经正常注册

在 SoftX3000 的客户端上使用 DSP MGW 命令，查询该 UA5000 是否已经正常注册，然后根据系统的返回结果决定下一步的操作。

（1）若查询结果为"Normal/正常"，表示 UA5000 正常注册，数据配置正确。

（2）若查询结果为"Fault"，表示网关无法正常注册，使用 LST MGW 命令检查设备标识、远端 IP 地址、远端端口号、编码类型等参数的配置是否正确。

（3）在 UA5000 命令行界面，执行"display if-h248 all"，若查询结果为"Normal/正常"，则说明 UA5000 与 SoftX3000 连接正常，否则，检查配置。

3. 拨打电话进行通话测试

若 UA5000 能够正常注册，则可以使用电话进行拨打测试，若通话正常，则说明数据配置正确；若不能通话或通话不正常，则维护人员可执行以下操作。

（1）使用 DSP EPST 命令检查 UA5000 的各终端是否已经正常注册。如果注册不正常，使用 LST VSBR 命令检查模块号、设备标识、终端标识等参数的配置是否正确。

（2）若 SoftX3000 侧数据配置正确，确认 UA5000 侧的参数设置是否正确。

任务总结

1. H.248 协议是软交换设备和媒体网关之间的一种媒体网关控制协议，用来对媒体网

关的承载连接行为进行控制和监视。

2．终端是媒体网关的一个逻辑实体，可以发送和/或接收一个或多个媒体流和控制流。它分为半永久性终端、临时性终端和根终端 3 种。

3．关联是同一个 MG 上多个终端之间的联系，实际上对应为呼叫，同一个关联中的终端之间可以相互通信（不包括空关联）。

4．空关联包含所有那些与其他终端没有联系的终端。

5．H.248 协议是应用层协议，其消息承载在 IP 网络上的 UDP、TCP、SCTP 等，知名端口号为 2944。

6．H.248 协议提供文本编码和二进制编码两种编码格式。

7．H.248 定义了 Add、Modify、Subtract、Move、AuditValue、AuditCapabilities、Notify、ServiceChange8 个命令。其中，Notify 命令由 MG 发送给 MGC，ServiceChange 命令双向发送，其余命令都由 MGC 发送给 MG。

8．UA5000 是宽窄带一体化综合业务接入设备，应用于 NGN 网络接入层，

9．HABA 业务框可插 PWX 二次电源板、IPMD/IPMB 宽带主控板、PVMB/PVMD 窄带主控板、ADRB/ADRI 宽带业务板、ASL/A32 窄带业务板、CSRB 宽窄带合一板、EP1A/GP1A 上行接口板、TSSB 测试板等单板。

习题

一、选择题

1．H.248 协议中可以由 MG 主动发起的命令是（　　）。

A．AuditValue　　　　　B．Notify　　　　　C．ServiceChange　　　　　D．Add

2．MG 通过 H.248 协议中的（　　）命令将摘挂机事件通知给 SoftX3000 的。

A．Add　　　　　B．Modify　　　　　C．Notify　　　　　D．ServiceChange

3．H.248 协议采用的知名端口号是（　　）。

A．5060　　　　　B．2427　　　　　C．2727　　　　　D．2944

4．H.248 协议的终端和上下文概念只存在于（　　）中。

A．MG　　　　　B．SG　　　　　C．Softswitch　　　　　D．APP Server

5．SoftX3000 中增加语音用户使用的 MML 命令是（　　）。

A．ADD MSBR　　　　　B．ADD VSBR　　　　　C．ADD MMTE　　　　　D．ADD MGW

二、填空题

1．H.248 协议消息的编码方式有_____和_____两种。

2．H.248 协议中终端分为_____、_____和_____三种，代表整个 MG 的是_____。

3．H.248 协议可以选择_____、_____和_____作为传输层协议。

4．UA5000 宽窄带一体化综合业务接入设备应用于 NGN 网络的_____。

5．UA5000 中_____板提供铃流输出。

任务 9　SoftX3000 多媒体业务配置

目前，随着智能手机等多媒体终端的普及，包括语音、数据和视频业务等的多媒体业务

数量也在急剧增长。通过此任务的学习，学生可以掌握多媒体业务配置方法，具备基本的故障分析和处理能力。

📖任务目的

1．了解 SIP 协议的概念和功能；
2．熟悉 SIP 协议的消息类型；
3．熟悉 SIP 协议的消息流程；
4．掌握 IAD 102H 的硬件结构；
5．能够根据数据规划，完成 SoftX3000 多媒体业务的配置。

📖任务资讯

9.1　SIP

会话启动协议（Session Initiation Protocol，SIP）是 IETF 制定的多媒体通信系统框架协议之一，它是一个基于文本的多媒体通信应用层控制协议，用于建立、修改和终止 IP 网上的双方或多方多媒体会话。SIP 的主要应用有即时消息、呈现业务、同时振铃、依次振铃业务、用户漫游、用户号码可携带等多种业务。

SIP 独立于底层 TCP 或 UDP，采用自己的应用层可靠性机制来保证消息的可靠传送。SIP 采用基于文本格式的 Client/Server 方式，以文本的形式表示消息的语法、语义和编码，客户机发起请求，服务器进行响应。

在 NGN 网络中，SIP 主要应用于软交换设备与应用服务器之间、不同软交换设备之间、SIP 智能终端与 SIP 服务器之间、不同的 SIP 服务器之间。

9.1.1　SIP 的功能和特点

总的来说，会话启动协议能够支持以下 5 种多媒体通信的信令功能。
（1）用户定位：确定参加通信的终端用户的位置。
（2）用户通信能力：确定通信的媒体类型和参数。
（3）用户可达性：确定被叫参加通信的意愿。
（4）呼叫建立：邀请和提示被叫，确定主叫和被叫的呼叫参数。
（5）呼叫处理：包括呼叫重定向、呼叫转移、终止呼叫等。
SIP 具有以下特点。
（1）SIP 是一个客户机/服务器协议，其协议消息的目的是建立或终结会话，消息分为请求和响应两类；
（2）"邀请"是 SIP 的核心机制；
（3）SIP 响应消息分为暂时响应和最终响应两类；
（4）SIP 中媒体类型、编码格式、收发地址等信息由 SDP（会话描述协议）来描述，并作为 SIP 消息的消息体和头部一起传送，所以，支持 SIP 的网元和终端必须支持 SDP；
（5）SIP 采用 SIP URL 的寻址方式，其用户名字段可以是电话号码，以支持 IP 电话网

关寻址，实现 IP 电话和 PSTN 的互通；

（6）SIP 的最强大之处就是用户定位功能；

（7）SIP 独立于低层协议，传输层可采用 UDP 和 TCP。

9.1.2 SIP 的网络模型

SIP 网络按逻辑功能区分，由用户代理、代理服务器、重定向服务器、位置服务器以及注册服务器 5 种元素组成，如图 9-1 所示。用户代理是呼叫的终端系统元素，而 4 类 SIP 服务器用于处理呼叫相关信令。

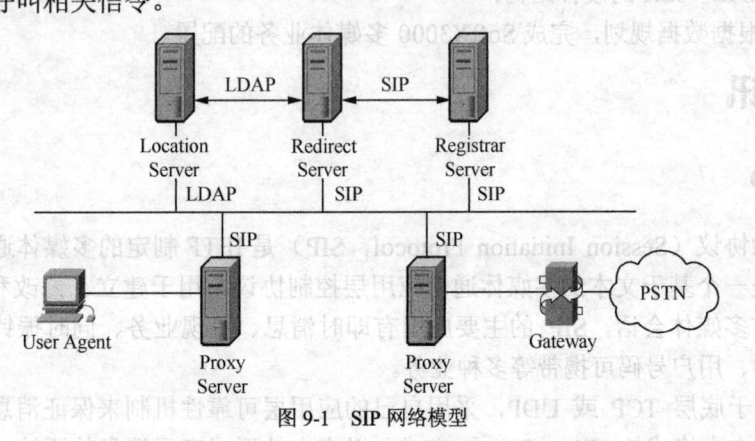

图 9-1　SIP 网络模型

1．用户代理

用户代理（User Agent）负责发起呼叫或接受呼叫并做出响应。它分为用户代理客户端（User Agent Client，UAC）和用户代理服务器（User Agent Server，UAS），二者组成用户代理，存在于用户终端中。常用的用户代理有安装在计算机里面的客户端软件，如 softphone，或具有 IP 接口的 video phone 或者 IP phone。

2．代理服务器

代理服务器（Proxy Server）负责接收用户代理发来的请求，根据网络策略将请求发给相应的服务器，并根据收到的应答对用户做出响应。它可以根据需要对收到的消息改写后再发出。

3．重定向服务器

重定向服务器（Redirect Server）接收用户请求，把请求中的原地址映射为零个或多个地址，返回给客户机，客户机根据此地址重新发送请求。用于在需要的时候将用户新的位置返回给呼叫方，呼叫方可以根据得到的新位置重新呼叫。

4．注册服务器

注册服务器（Registrar Server）用于接收和处理用户端的注册请求，完成用户地址的注册。

5．位置服务器

位置服务器（Location Server）是一个数据库，用于存放终端用户当前的位置信息，为重定向和代理服务器提供被叫用户可能的位置信息。

SIP 用户代理也即主叫发起呼叫后，首先去找代理服务器，它负责接收用户代理发来的请求，根据网络策略将请求发给相应的服务器，并根据收到的应答对用户做出响应。代理服务器可以根据需要对收到的消息改写后再发出。

当主叫用户找不到被叫用户，也即被叫用户发生了位置更新后，代理服务器向重定向服

务器发送更新的位置请求，重定向服务器收到请求后，把请求中的原地址映射为零个或多个地址（一号多机），会直接返回被叫用户的新位置（号码存在重定向服务器中）或通过位置服务器将被叫的新位置返回给呼叫方（号码存在位置服务器中，位置服务器存储量大），呼叫方可以根据得到的新地址位置重新呼叫。

主叫成功找到被叫后，直接通过主叫的策略服务器与被叫的策略服务器建立连接，从而实现双方成功呼叫。

9.1.3　SIP 栈结构

基于 SIP 的多媒体通信的协议栈结构如图 9-2 所示。

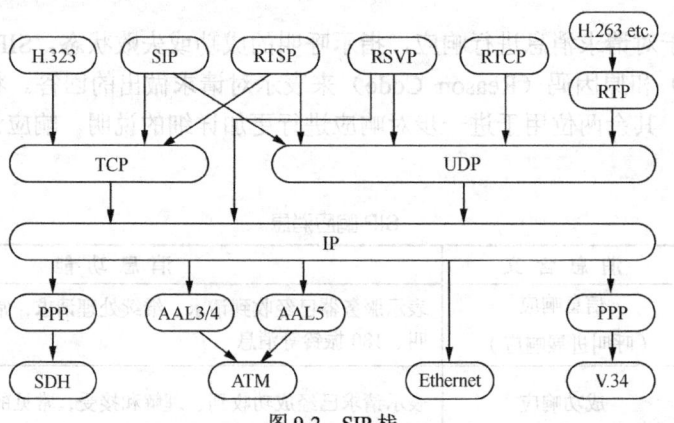

图 9-2　SIP 栈

在 SIP 栈中，SIP 与其他协议相互合作，例如，RSVP 用于预约网络资源，RTP 用于传输实时数据，RTSP 用于控制实时媒体流的传输，SAP 用于通过组播发布多媒体会话，SDP 用于描述多媒体会话。SIP 承载在 IP 网，网络层协议为 IP，传输层协议可用 TCP 或 UDP，推荐首选 UDP。

在基于 SIP 的多媒体通信中，各种编码的语音或图像信号经 RTP 封装后，通常由用户数据报协议 UDP 来支持。

9.1.4　SIP 消息

SIP 采用基于文本格式的客户机/服务器方式，以文本的形式表示消息的语法、语义和编码，客户机发起请求，服务器进行响应。SIP 消息分为请求消息和响应消息两类。

1．请求消息

请求消息是客户端为了激活特定操作而发给服务器的 SIP 消息，包括 INVITE、ACK 等消息，常见请求消息及功能如表 9-1 所示。

表 9-1　　　　　　　　　　　　　　　　　SIP 请求消息

请 求 消 息	消 息 含 义
INVITE	用于邀请用户或服务参加一个会话。在 INVITE 请求的消息体中可对被叫方被邀请参加的会话加以描述，如主叫方能接收的媒体类型、发出的媒体类型及其参数；对 INVITE 请求的成功响应必须在响应的消息体中说明被叫方愿意接收哪种媒体，或者说明被叫方发出的媒体。服务器可以自动地用 200(OK)响应会议邀请

请求消息	消息含义
ACK	用于客户机向服务器证实它已经收到了对 INVITE 请求的最终响应
BYE	用户代理客户机用 BYE 请求向服务器表明它想释放呼叫
CANCEL	取消尚未完成的请求，对于已完成的请求没有影响
REGISTER	用于客户机向 SIP 服务器注册地址信息
OPTIONS	用于向服务器查询其能力。如果服务器认为它能与用户联系，则可用一个能力集响应 OPTIONS 请求；对于代理和重定向服务器只转发此请求，不用显示其能力

2．响应消息

响应消息用于对请求消息进行响应，指示呼叫的成功或失败状态。SIP 中用 3 位的状态码（Status Code）和原因码（Reason Code）来表示对请求做出的回答。状态码的第一位用于定义响应类型，其余两位用于进一步对响应进行更加详细的说明。响应消息分类及功能如表 9-2 所示。

表 9-2   SIP 响应消息

响应消息	消息含义	消息功能
1xx （Informational）	信息响应 （呼叫进展响应）	表示服务器已经收到请求、继续处理请求，常见的有 100 试呼叫、180 振铃等消息
2xx （Success）	成功响应	表示请求已经成功收到、理解和接受，常见的有 200 OK 消息
3xx （Redirection）	重定向响应	表示为完成呼叫请求，还须采取进一步的动作
4xx （Client Error）	客户出错	表示请求消息中包含语法错误或不能被服务器执行，客户机需修改请求，然后再重发请求
5xx （Server Error）	服务器出错	表示 SIP 服务器出错，不能执行合法请求
6xx （Global Failure）	全局故障	表示任何服务器都不能执行请求

在上述 SIP 响应消息中，1xx 响应为暂时响应（Provisional Response），其他响应为最终响应（Final Response）。

9.1.5   SIP 消息流程

当采用软交换设备和媒体网关来代替 PSTN 网络中的长途局和汇接局时，在不同软交换设备之间可采用 SIP-I 和 SIP-T，相应的信令流程如图 9-3 所示。

（1）主叫 PSTN 用户摘机拨号，通过软交换设备 1 控制的信令网关 1 向软交换设备 1 发送 IAM 消息。软交换设备 1 收到信令网关 1 发过来的 IAM 消息，将其封装到 INVITE 消息的消息体（SDP）中发送给软交换设备 2，邀请软交换设备 2 加入会话。同时，软交换设备 1 还通过 INVITE 消息的会话描述，将信令网关 1 的 IP 地址、端口号、支持的静荷类型、静荷类型对应的编码等信息传送给软交换设备 2。

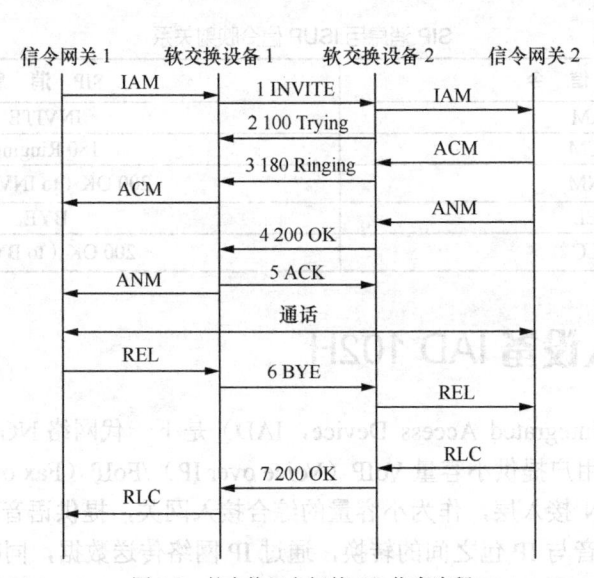

图 9-3　软交换局之间的 SIP 信令流程

（2）软交换设备 2 收到 INVITE 消息后，分析被叫用户为 PSTN 用户，将 INVITE 消息解封装为 IAM 消息，经信令网关 2 发送到被叫端局。软交换设备 2 给软交换设备 1 回 100 Trying 表示已经接收到请求消息，正在对其进行处理。

（3）如果被叫空闲，被叫端局向被叫 PSTN 用户振铃，同时，经信令网关 2 送 ACM 消息给软交换设备 2。软交换设备 2 收到 ACM 消息，将其封装到 180 Ringing 响应消息中发送给软交换设备 1。软交换设备 2 还通过 180 Ringing 消息的会话描述，将信令网关 2 的 IP 地址、端口号、支持的静荷类型、静荷类型对应的编码等信息传送给软交换设备 1。软交换设备 1 收到 180 Ringing 消息后，将 ACM 消息从 180 Ringing 消息中解析出来转发给信令网关 1。信令网关 1 收到 ACM 消息，同时，主叫 PSTN 用户听回铃音。

（4）被叫 PSTN 用户摘机，信令网关 2 送 ANM 消息给软交换设备 2，软交换设备 2 收到 ANM 消息，将其封装到 200 OK 响应消息的消息体（SDP）中发送给软交换设备 1。软交换设备 1 收到 200 OK 消息，将 ANM 消息从 200 OK 消息中解析出来转发给信令网关 1。

（5）软交换设备 1 发 ACK 消息给软交换设备 2，证实已收到软交换设备 2 对于 INVITE 请求的最终响应。此时，就建立了一个双向的通路，双方可以进行通话。

（6）主叫 PSTN 用户挂机，信令网关 1 发 REL 消息给软交换设备 1。软交换设备 1 收到 REL 消息，将其封装到 BYE 请求消息的消息体（SDP）中发送给软交换设备 2。软交换设备 2 收到 BYE 消息，将 REL 消息从 BYE 消息中解析出来转发给信令网关 2。

（7）信令网关 2 收到 REL 消息，知道主叫 PSTN 用户已挂机，转发该 REL 消息给被叫 PSTN 交换机，PSTN 交换机收到该消息，给被叫 PSTN 用户送忙音。被叫 PSTN 用户挂机，信令网关 2 送 RLC 消息给软交换设备 2，软交换设备 2 收到 RLC 消息，将其封装到 200 OK 响应消息的消息体（SDP）中发送给软交换设备 1。软交换设备 1 收到 200 OK 响应，将 RLC 消息从 200 OK 响应消息中解析出来转发给信令网关 1。

通过软交换局之间的信令流程可以看出，SIP 消息可与 ISUP 信令对应，其映射关系如表 9-3 所示。

表 9-3　　　　　　　　　　　　　SIP 消息与 ISUP 信令映射关系

ISUP 信 令	SIP 消 息
IAM	INVITE
ACM	180 Ringing
ANM	200 OK（to INVITE）
REL	BYE
RLC	200 OK（to BYE）

9.2　综合接入设备 IAD 102H

综合接入设备（Integrated Access Device，IAD）是下一代网络 NGN 解决方案中的重要部件，用于向公司等用户提供小容量 VoIP（Voice over IP）/FoIP（Fax over IP）解决方案。

IAD 应用于 NGN 接入层，作为小容量的综合接入网关，提供语音和数据的综合接入能力。IAD 完成模拟话音与 IP 包之间的转换，通过 IP 网络传送数据，同时通过 MGCP 或 SIP 等协议，与软交换设备配合组网，在软交换控制下完成主被叫之间的话路接续。

IAD 在网络位置中更靠近最终用户，无专门的机房，因此需要更多的管理维护手段和故障自愈能力。它提供丰富的上行和下行接口，满足用户的不同需求，主要面向小区用户、密度较低的商业楼宇和小型企业集团用户。

华为 IAD 产品类型繁多，按端口分包括 1、2、4、8、16 和 32 端口 IAD，如表 9-4 所示。

表 9-4　　　　　　　　　　　　　　　华为 IAD 产品

端口类型	型 号
1 端口	IAD101E
2 端口	IAD102E
4 端口	IAD104E
8 端口	IAD108、IAD208
16/32 端口	IAD132E-T、IAD132E-A、IAD132E（T）

9.2.1　IAD 102H 设备介绍

IAD 102H 是基于 IP 的 VoIP/FoIP 的媒体接入网关，可提供基于 IP 网络的高效、高质量话音服务，为企业、小区和公司等提供小容量 VoIP/FoIP 解决方案。IAD 102H 最大提供 2 路 POTS（Plain Old Telephone Service）用户的 IP 语音接入和 1 路数据用户混合接入，其产品外观如图 9-4 所示。

图 9-4　IAD 102H 设备外观图

1. 前面板

IAD 102H 的前面板设有指示灯，各指示灯名称及含义如表 9-5 所示。

表 9-5　　　　　　　　　　　　　　　　　IAD 102H 前面板指示灯

指　示　灯	颜　色	名　称	状　态　说　明
PWR	绿色	电源指示灯	常亮：有电源
			常灭：无电源
WAN	绿色	上行接口指示灯	常亮：已建立上行网络连接
			常灭：未进行任何上行网络连接
LAN	绿色	下行接口指示灯	常亮：已建立局域网络连接
			常灭：未进行任何局域网络连接
VoIP	绿色	VoIP 信号指示灯	常亮：VoIP 电话服务已经就绪
			常灭：系统正在启动或者没有任何 VoIP 电话服务就绪
			闪烁（0.25 s/0.25 s）：正在保存数据
PHONE	绿色	语音电话接口指示灯	闪烁（0.25 s/0.25 s）：对应端口的电话处于振铃状态
			闪烁（1.5 s/0.5 s）：切换到 PSTN 备用电路并且电话正在使用中
			常亮：已摘机
			常灭：对应端口的电话处于挂机状态

2．后面板

IAD 102H 后面板接口位置如图 9-5 所示，各接口名称如表 9-6 所示。

LINE：PSTN 逃生接口　　　　　　　PHONE1~PHONE2：电话接口
PWR：本地电源接口　　　　LAN：数据用户接口　　　WAN：上行网络接口

图 9-5　IAD 102H 对外接口示意图

表 9-6　　　　　　　　　　　　　　　　IAD102H 对外接口列表

接　　口	名　　称	说　　明
LINE	RJ-11 型 PSTN 逃生接口	提供 1 路
PHONE1~PHONE2	RJ-11 型电话接口	提供 2 路
PWR	本地电源接口	提供 1 路
LAN	RJ-45 型 10M/100Base-TX 数据用户接口	提供 1 路
WAN	RJ-45 型上行网络接口	提供 1 路

3．业务功能

IAD 102H 可提供丰富的语音、数据业务。

（1）数据业务

IAD 102H 数据业务支持 POTS、以太网用户接入到 IP 网络；支持 Modem 透明传输方式；支持 802.1p/q；支持 T.38 传真或传真的透明传输；支持主叫号码显示；支持话费立显

（仅 MGCP 的 IAD）；支持卡号业务主叫用户主动重拨；支持 PSTN "一机双号"和逃生。支持 PPPoE；支持 NAT 功能。

（2）语音业务

IAD 102H 语音业务支持传统 PSTN 电话业务；MGCP 的 IAD 可以配合软交换，实现新国标中规定的新业务、智能及特色业务，如呼叫转移、呼叫等待、主叫号码显示、指定代答、同组代答、三方通话和会议电话等；支持软交换控制下的 KC 计费、反极性计费（仅对 MGCP 的 IAD）；支持 ITU-T 的 G.711、G.723、G.729 多种编解码方式，支持编解码之间的动态切换；支持 DSCP（Differentiated Services Codepoint）；支持语音激活检测（Voice Activity Detection，VAD）；支持舒适噪声生成（Comfort Noise Generation，CNG）。

（3）其他功能

IAD 102H 还支持 SNMP、SNTP、DHCP；支持承载网的 QoS（Quality of Service）测试；支持端到端信令跟踪，提供设备内部软硬件故障定位功能；支持软交换对 IAD 进行鉴权认证；支持软交换控制的 RFC2833 方式内容加密（仅对 SIP 的 IAD）；支持远程升级和维护；支持自动配置。

4．硬件安装

IAD 102H 硬件安装的具体操作步骤如下。

步骤 1：将电话线一端插入设备后面板的 PHONE 口，另一端插入普通电话机接口。

步骤 2：将网线一端插入设备后面板的下行 LAN 口，另一端根据实际插入下行设备，如计算机网口。

步骤 3：将上行电话线的一端插入设备后面板的 LINE 口，即断电逃生接口，并将该电话线的另一端插入上行电话线接口，接入 PSTN 网络。

步骤 4：将网线一端插入设备后面板的 WAN 口，另一端根据实际与上行网络接口连接。

步骤 5：将电源适配器的直流输出端插入设备后面板的电源插孔，再将电源适配器的插座端插到外部的交流电源插座上。

9.2.2　IAD 102H 基本数据配置

1．IAD 102H 设备配置环境的搭建

IAD 102H 设备通过 LAN 口连接至交换机，本地调试主机运行超级终端程序登录到 IAD 102H 的 LAN 口（默认的 LAN 口地址为 192.168.100.1 或者 1.1.1.1），连接到设备之后输入合法的用户名和口令。

步骤 1：采用 Telnet 方式进行设备配置操作，默认 IP 为 192.168.100.1/24，用户名默认为 root，口令默认为 admin。

步骤 2：将调试计算机的 IP 地址设置为与 IAD 102H 默认的 LAN 口 IP 地址同网段，如192.168.100.111/24。

步骤 3：通过 LAN 口登录并进行配置操作。

步骤 4：配置完成后将与 NGN 设备连接的网线接入到 WAN 口即可。

2．IAD 命令模式

（1）普通用户模式：查看有限的单板信息、命令行终端基本设置等。

（2）特权模式：查看单板状态和统计信息，进行单板管理和维护。

（3）全局配置模式：配置全局数据和参数，进行用户管理。

（4）以太网交换机模式：配置设备内置以太网交换机数据。

9.2.3　SIP-IAD 配置

IAD 102H 支持 MGCP 和 SIP 两种协议，支持 SIP 的 IAD 数据配置步骤如表 9-7 所示。

表 9-7　　　　　　　　　　IAD 102H 的 SIP 数据配置步骤

序　号	操　　作	命　　令
1	配置 IAD 的 IP 地址	ipaddress static *ip-address net-mask gateway-ip*
2	配置 SIP 服务器（即软交换）	sip server *index* { address *address* | domain *name* | port *port* | expire-time *expire-time* }
3	配置 SIP 用户	sip user *user-sn* { id *id* | password *password* | name *name* }
4	保存数据	write

1．配置 IAD 的 IP 地址

此步骤应在全局配置模式下完成。IAD 102H 提供 3 种获取 IP 地址的方式，即配置固定 IP 地址、通过 DHCP server 动态获取 IP 地址、通过 PPPoE 拨号获取 IP 地址。IAD 的 IP 地址必须配置，配置后立即生效，不需重启。

2．配置 SIP 服务器

此步骤用于配置 SIP IAD 注册的呼叫服务器（即软交换设备）的信息。命令中，index 表示服务器号，取值范围是 0～2；address 表示服务器的 IP 地址；name 表示用户所在的域名；port 表示服务器端口号，缺省是 5060；expire-time 表示注册有效期，缺省是 3 600 s。

3．配置 SIP 用户

此步骤用于配置 SIP 用户信息，包括用户电话号码、呼叫鉴权密码和用户别名等。命令中，user-sn 表示用户所连接的 IAD 设备端口号，IAD 102H 的端口号为 0～1；id 表示用户电话号码，用来唯一区别用户，该号码已经在呼叫服务器上配置过；password 表示用户的鉴权密码；name 表示用户别名。

📖任务实施

一、任务描述

当 SIP 终端通过 IP 城域网接入 SoftX3000 时，运营商能通过 IP 城域网向用户提供多媒体业务，包括语音、数据和视频业务等。图 9-6 所示为 SoftX3000 通过 SIP 协议与 4 个支持 SIP 协议的 IAD 102H 对接，要求用户 1～用户 4 之间能够实现相互通话。实际组网环境中，多媒体终端可以是 IAD、SIP 硬终端、SIP 软终端或智能手机等，所有 SIP 终端在 SoftX3000 侧的数据配置过程都相同。

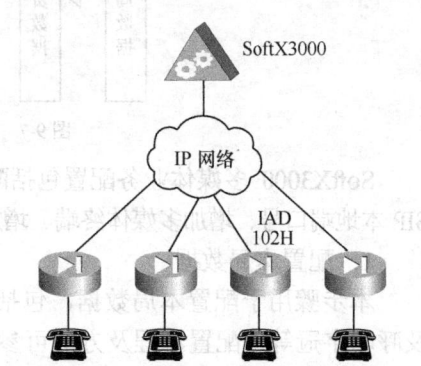

用户 1 号码　用户 2 号码　用户 3 号码　用户 4 号码
　5550011　　5550012　　5550013　　5550014

图 9-6　多媒体业务配置组网图

二、实践操作

（一）数据规划

在开通多媒体业务时，首先应配置 SoftX3000 侧的数据。因此，在配置前，应对

SoftX3000 与 IAD 102H 之间的以下主要对接参数进行规划，如表 9-8 所示。

表 9-8　　　　　　　　　　　IAD102H 对接 SoftX3000 数据规划表

序　　号	对接参数	参数值
1	SIP 协议的知名端口号	5060
2	SoftX3000 的 IFMI 板的 IP 地址	10.26.102.13/24
3	号首集	用户 1～用户 4 属于本地号首集 0
4	呼叫源	用户 1～用户 4 属于呼叫源 0
5	号段	号首集 0 号段：5550001～5550999
6	呼叫字冠	号首集 0 呼叫字冠：555
7	用户号码	用户 1：5550011，用户 2：5550012 用户 3：5550013，用户 4：5550014
8	用户的注册用户名（即设备标识）	用户 1：5550011，用户 2：5550012 用户 3：5550013，用户 4：5550014
9	用户的注册密码	用户 1：5550011，用户 2：5550012 用户 3：5550013，用户 4：5550014
10	IAD 的 IP 地址	用户 1：10.26.102.41/24 用户 2：10.26.102.42/24 用户 3：10.26.102.43/24 用户 4：10.26.102.44/24

（二）数据配置

SoftX3000 多媒体业务配置的一般流程如图 9-7 所示。

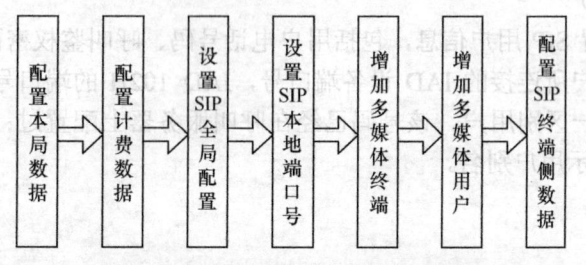

图 9-7　SoftX3000 多媒体业务配置流程图

SoftX3000 多媒体业务配置包括配置本局数据、配置计费数据、设置 SIP 全局配置、设置 SIP 本地端口号、增加多媒体终端、增加多媒体用户、配置 SIP 终端侧数据等部分。

1．配置本局数据

本步骤用于配置本局数据，包括本局信息、本地号首集、呼叫源、号首集对应的号段以及呼叫字冠等，配置流程及方法可参考 SoftX3000 本局数据配置。

2．配置计费数据

本步骤用于配置计费数据，包括增加计费情况、修改计费模式、增加计费索引等，配置流程及方法可参考 SoftX3000 语音业务配置。

3．设置 SIP 全局配置

在配置 SIP 中继、SIP 用户等数据之前必须先配置 SIP 协议数据，否则主机软件中的 SIP 协议栈将不能正常运行。

（1）MML 命令

本步骤用于在 SoftX3000 系统中设置 SIP 的全局配置参数，使用 MML 命令"SET

SIPCFG"。SoftX3000 与 SIP 设备对接时,主要涉及本地 IP 地址、SIP 协议的知名端口号两个参数。SET SIPCFG 命令用于定义本局各 SIP 处理模块所使用的本地端口号的范围。

在本任务中,MML 命令为:

```
SET SIPCFG:;
```

设置 SIP 全局配置的配置界面如图 9-8 所示。

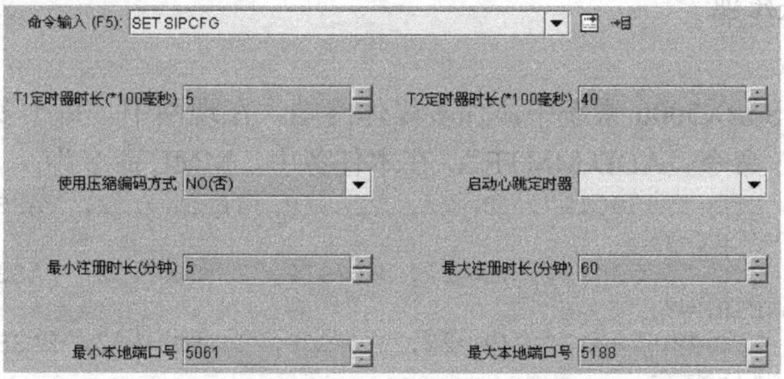

命令输入 (F5): SET SIPCFG

T1定时器时长(*100毫秒) 5   T2定时器时长(*100毫秒) 40

使用压缩编码方式 NO(否)   启动心跳定时器

最小注册时长(分钟) 5   最大注册时长(分钟) 60

最小本地端口号 5061   最大本地端口号 5188

图 9-8 设置 SIP 全局配置的配置界面

(2)关键参数

【最小注册时长】、【最大注册时长】:用于定义 SIP 用户最短、最长每隔多长时间重新向 SoftX3000 发起注册请求。最小注册时长取值范围为 1～100,单位为分钟,系统缺省值为 5 分钟;最大注册时长取值范围为 1～100,单位为分钟,系统缺省值为 60 分钟。当 SIP 用户在规定的时间内没有发起注册请求时,SoftX3000 将把该 SIP 用户置为离线状态。

【最小本地端口号】、【最大本地端口号】:用于指定 SoftX3000 侧各 SIP 处理单板(即 MSGI 板)可以使用的本地 UDP 端口号的范围,系统默认最小本地端口号为 5061、最大本地端口号为 5188,可以使用 128 个本地端口号。需注意的是,在同一个 FE 端口(IFMI 板)转发的各协议消息中,它们的 UDP 端口号不应冲突。

4. 设置 SIP 本地端口号

(1)MML 命令

本步骤用于在 SoftX3000 系统中设置处理 SIP 的 MSGI 板的本地端口号,每块 MSGI 板均需配置一个唯一的本地端口号,使用 MML 命令"SET SIPLP"。

本局 SoftX3000 系统初发的 SIP 消息中,将指定对端响应消息使用的端口号(即 MSGI 板本地端口号),IFMI 板根据该端口号将对端响应的 SIP 消息分发到相应 MSGI 板上进行处理。

对于它局或 SIP 终端初发的 SIP 消息,携带知名端口号 5060。IFMI 收到此 SIP 消息包后,以负荷分担的方式将 SIP 消息发送到 MSGI 板进行处理。该 MSGI 板进行处理后,系统将在响应 SIP 消息中指定对端后续 SIP 消息使用的端口号(即 MSGI 板本地端口号),如 5061;这样,本次呼叫流程中后续 SIP 消息将使用端口号 5061 进行通信。

在本任务中,MML 命令为:

```
SET SIPLP: MN=211, PORT=5061;
```

设置 SIP 本地端口号的配置界面如图 9-9 所示。

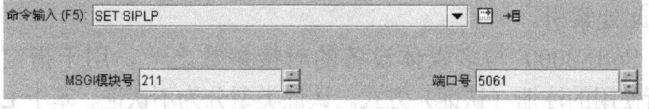

命令输入 (F5): SET SIPLP

MSGI模块号 211   端口号 5061

图 9-9 设置 SIP 本地端口号配置界面

（2）关键参数

【MSGI 模块号】：用于指定需要配置 SIP 本地 UDP 端口号的 MSGI 板的模块号，该参数必须先由"ADD BRD"命令定义，然后才能在此处索引。

【端口号】：用于定义该 MSGI 板在处理 SIP 时所使用的本地 UDP 端口号，该端口号的取值必须位于"SET SIPCFG"命令定义的最小、最大本地端口号范围之内。

5．增加多媒体终端

（1）MML 命令

本步骤用于在 SoftX3000 系统中添加多媒体终端，在现网中，每个多媒体终端都需要单独配置，使用 MML 命令"ADD MMTE"。在本任务中，MML 命令为：

```
ADD MMTE: EID="5550011", MN=22, PT=SIP, IFMMN=132, PASS="5550011",
AT=ABE,CONFIRM=Y;
ADD MMTE: EID="5550012", MN=22, PT=SIP, IFMMN=132, PASS="5550012",
AT=ABE,CONFIRM=Y;
ADD MMTE: EID="5550013", MN=22, PT=SIP, IFMMN=132, PASS="5550013",
AT=ABE,CONFIRM=Y;
ADD MMTE: EID="5550014", MN=22, PT=SIP, IFMMN=132, PASS="5550014",
AT=ABE,CONFIRM=Y;
```

增加多媒体终端的配置界面如图 9-10 所示。

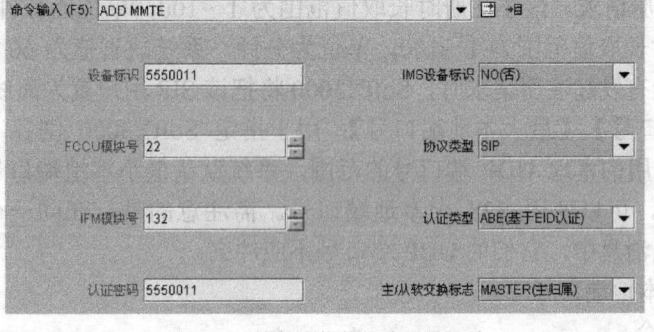

图 9-10 增加多媒体终端配置界面

（2）关键参数

【设备标识】：SoftX3000 与多媒体设备的对接参数之一，相当于媒体网关的注册账号，用于在 SoftX3000 内部唯一标识一个多媒体设备，其值域类型为字符串、最长为 32 个字符。各多媒体设备的设备标识不能重复。

【FCCU 模块号】：用于指定在 SoftX3000 侧处理该多媒体设备的呼叫控制消息的 FCCU 板的模块号，其取值范围为 22~101。该参数必须先由"ADD BRD"命令定义，然后才能在此处索引。

【协议类型】：SoftX3000 与多媒体设备的对接参数之一，用于指定该多媒体设备采用的是 H.323 协议还是 SIP。

【IFM 模块号】：该参数仅对 SIP 协议有效，用于在 SoftX3000 侧指定分发该多媒体设备 SIP 消息的 IFMI 板的模块号，其取值范围为 132~211。该参数必须先由"ADD BRD"命令定义，然后才能在此处索引。

【认证类型】：SoftX3000 与多媒体设备的对接参数之一，用于指定该多媒体设备在向 SoftX3000 注册时所使用的注册（认证）方式。认证类型分为不认证、基于 EID 认证、基于 IP 认

证、基于 IP 和 EID 认证 4 种。本任务采用基于 EID 认证方式，需要设备标识和认证密码。

【认证密码】：SoftX3000 与多媒体设备的对接参数之一，用于指定该多媒体设备在向 SoftX3000 注册时所使用的密码。

6．增加多媒体用户

（1）MML 命令

本步骤是为 SoftX3000 系统增加多媒体用户，使用 MML 命令"ADD MSBR"。在本任务中，MML 命令为：

```
ADD MSBR: D=K'5550011, LP=0, EID="5550011", RCHS=0, CSC=0,
UTP=NRM,CONFIRM=Y;
ADD MSBR: D=K'5550012, LP=0, EID="5550012", RCHS=0, CSC=0,
UTP=NRM,CONFIRM=Y;
ADD MSBR: D=K'5550013, LP=0, EID="5550013", RCHS=0, CSC=0,
UTP=NRM,CONFIRM=Y;
ADD MSBR: D=K'5550014, LP=0, EID="5550014", RCHS=0, CSC=0,
UTP=NRM,CONFIRM=Y;
```

增加多媒体用户的配置界面如图 9-11 所示。

图 9-11　增加多媒体用户配置界面

（2）关键参数

【用户号码】：用于指定分配给该用户的电话号码。除了 PBX 用户以外，其他类型的用户必须输入用户号码。

【本地号首集】：用于指定该用户所属的本地号首集，即指示呼叫处理软件在哪个本地号首集的号码分析表中分析该用户所拨打的所有被叫号码，该参数必须先由"ADD LDNSET"命令定义，然后才能在此处索引。

【设备标识】：用于指定该多媒体用户所属多媒体设备的设备标识，该参数必须先由"ADD MMTE"命令定义，然后才能在此处索引。

【计费源码】：用户的计费属性之一，该参数必须先由"ADD CHGIDX"命令定义，然后才能在此处索引。

【呼叫源码】：用于指定该用户所属的呼叫源，该参数必须先由"ADD CALLSRC"命令定义，然后才能在此处索引。

【用户类别】：用于定义该用户号码的主叫用户类别，用户类别分为普通用户、优先用户、话务员用户、数据用户、测试用户、投币电话以及预付费用户等。

7．配置 SIP 终端侧数据

不同厂商、不同类型的多媒体终端，其配置方法不同，下面以 IAD 102H 为例介绍如何

配置 SIP 终端侧数据。

```
User name: root
User password: admin
TERMINAL>
TERMINAL>enable
TERMINAL#
TERMINAL#configure terminal
TERMINAL(config)#
TERMINAL(config)#ipaddress static 10.26.102.41 255.255.255.0 10.26.102.13
Changing net parameter may affect current service, continue?[Y|N]:y
  Network status changed,please wait...
TERMINAL(config)#display ipaddress
------------------------------------------------------
  DNS Domain Name...............:
  Physical Address..............: 00-e0-fc-a2-b0-22
  IP Address Get Method.....: Static IP config
  esw (unit number 3):
    Flags: (0x68243) UP BROADCAST MULTICAST ARP RUNNING
    IP Address......................: 10.26.102.41
    Subnet Mask............. ..: 255.255.255.0
    Default Gateway.............: 10.26.102.13
  esw (unit number 4):
    Flags: (0x68243) UP BROADCAST MULTICAST ARP RUNNING
    IP Address......................: 192.168.100.1
    Subnet Mask................: 255.255.255.0
------------------------------------------------------
TERMINAL(config)#sip    server   0   address   10.26.103.13   domain
iadsip41.com expire-time 3600 port 5060
TERMINAL(config) #sip user 0 id 5550011 password 5550011
Command:
      sip user 0 id 5550011 password 5550011
This operation will affect the user's current services. Continue?
[Y/N]:y
  ! EVENT MAJOR 2013-01-01 00:42:50 ALARM NAME :SIP user switched server
TERMINAL(config)# write
```

（三）数据调测

1. 检查网络连接是否正常

在 SoftX3000 客户端的接口跟踪任务中使用"Ping"工具，检查 SoftX3000 与各 SIP 终端（IAD）之间的网络连接是否正常。

2. 检查 SIP 终端是否已经正常注册

在 SoftX3000 的客户端上使用 DSP EPST 命令，查询 SIP 终端（IAD）是否已经正常注册，然后根据系统的返回结果决定下一步的操作。

（1）若查询结果为"Register"，表示 SIP 终端正常注册，数据配置正确。

（2）查询结果为"UnRegister"，表示网关无法正常注册，使用 LST MMTE 命令检查设备标识、注册（认证）类型、注册（认证）密码等参数的配置是否正确。

3. 拨打电话进行通话测试

若 SIP 终端（IAD）能够正常注册，则可以使用电话进行拨打测试，若通话正常，则说明数据配置正确；若不能通话或通话不正常，确认 SIP 终端（IAD）侧的参数设置是否正确。

📖任务总结

1. SIP 是一个基于文本的多媒体通信应用层控制协议，用于建立、修改和终止 IP 网上

的双方或多方多媒体会话。

2．SIP 能够支持用户定位、用户通信能力、用户可达性、呼叫建立和呼叫处理 5 种多媒体通信的信令功能。

3．SIP 网络由用户代理、代理服务器、重定向服务器、位置服务器以及注册服务器 5 种元素组成。

4．SIP 是应用层协议，承载在 IP 网上，网络层协议为 IP，传输层协议可用 TCP 或 UDP，推荐首选 UDP。

5．SIP 采用基于文本格式的客户机/服务器方式，其消息分为请求消息和响应消息两类。

6．SIP 请求消息包括 INVITE、ACK、OPTIONS、BYE、CANCEL 和 REGISTER 消息。

7．SIP 响应消息包括 1xx、2xx、3xx、4xx、5xx 和 6xx，其中，1xx 响应为暂时响应，其他响应为最终响应。

8．IAD 102H 是基于 IP 的 VoIP/FoIP 媒体接入网关，最大提供 2 路 POTS 用户的 IP 语音接入和 1 路数据用户混合接入。

习题

一、选择题

1．SIP 协议中的 200 OK 消息可与 ISUP 消息中的（　　　）对应。

A．IAM　　　　　B．ANM　　　　　C．RLC　　　　　D．REL

2．华为 IAD 102H 产品中，保存数据使用的命令是（　　　）。

A．STORE　　　　B．SAVE　　　　C．WRITE　　　　D．ENABLE

3．SIP 协议采用的知名端口号是（　　　）。

A．5060　　　　　B．2427　　　　C．2727　　　　D．2944

4．华为 IAD 102H 的接口中，用以对接 SoftX3000 的是（　　　）接口。

A．LINE　　　　　B．PWR　　　　C．LAN　　　　D．WAN

5．SoftX3000 中增加多媒体用户使用的 MML 命令是（　　　）。

A．ADD MSBR　　B．ADD VSBR　　C．ADD MMTE　　D．ADD MGW

6．SIP 协议推荐首选的传输层协议是（　　　）。

A．SCTP　　　　　B．TCP　　　　C．UDP

二、判断题

1．SIP 协议消息采用二进制编码，分为请求消息和响应消息两类。

2．SIP 协议可控制 IP 局间呼叫，并应用于各种智能终端中。

3．180、200、404 等消息属于最终响应消息。

4．IAD 102H 在数据配置时应处于普通用户模式。

三、简答题

1．简述 SIP 网络模型。

2．简述 IAD 102H 的硬件安装步骤以及 SIP 数据配置步骤。

任务 10　软交换设备维护与管理

软交换设备维护是软交换系统管理工作的必要环节。通过此任务的学习，学生可以掌握

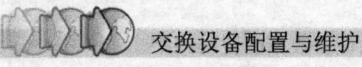

SoftX3000 软交换系统维护类型、例行维护项目及内容、故障处理的流程、工具和方法，能够对 SoftX3000 软交换系统进行维护。

📖任务目的

1. 了解 SoftX3000 软交换系统维护类型；
2. 掌握 SoftX3000 软交换系统例行维护项目；
3. 熟悉 SoftX3000 软交换系统紧急事故类型；
4. 掌握故障处理的常用工具及方法；
5. 能够完成故障定位及故障处理。

📖任务资讯

10.1 例行维护

10.1.1 SoftX3000 维护的分类

1. 例行维护和应急维护

按照维护目的的不同，可将 SoftX3000 设备维护分为例行维护和应急维护。

（1）例行维护是一种预防性的维护，它是指在设备的正常运行过程中，为及时发现并消除设备所存在的缺陷或隐患、维持设备的健康水平，从而使系统能够长期安全、稳定、可靠地运行而对设备进行的定期检查与保养。

（2）应急维护是一种突发性的维护，它是指在系统或设备发生紧急事故的情况下，为迅速排除故障、恢复系统或设备的正常运行，从而尽量挽回或减少事故损失而对设备进行的一种故障处理措施。

2. 日常维护和定期维护

按照维护实施的周期长短来分，可将例行维护分为日常维护和定期维护。

（1）日常维护

日常维护是指每天进行的、维护过程相对简单、并可由一般维护人员实施的维护操作，如机房环境检查、供电系统检查、话单系统检查、告警系统检查等。日常维护的目的如下。

① 及时发现设备所发出的告警或已存在的缺陷，并采取适当的措施予以恢复和处理，维持设备的健康水平，降低设备的故障率。

② 及时发现并处理计费、话单系统在运行过程中所出现的非正常现象，避免或降低由于话单丢失而造成的经济损失。

③ 实时掌握设备和网络的运行状况，了解设备或网络的运行趋势，提高维护人员对突发事件的处理效率。

（2）定期维护

定期维护是指按一定周期进行的、维护过程相对复杂、且多数情况下须由经过专门培训的维护人员实施的维护操作，如定期检查线缆系统、定期测量接地电阻、定期进行设备除尘等。定期维护的目的如下。

①　通过定期维护和保养设备，使设备的健康水平长期处于良好状态，确保系统能够安全、稳定、可靠运行。

②　通过定期检查、备份、测试、清洁等手段，及时发现设备在运行过程中所出现的自然老化、功能失效、性能下降等缺陷，并采取适当的措施及时予以处理，以消除隐患、预防事故的发生。

10.1.2　SoftX3000 例行维护项目

1. 日常维护

SoftX3000 日常维护是维护人员每天需要例行执行的设备维护任务，其维护对象主要包括机房环境、供电系统、终端系统、告警系统、话单系统、设备运行、业务运行、性能统计等几部分。

（1）机房环境日常维护，如表 10-1 所示。

表 10-1　　　　　　　　　　　　　　　　机房环境日常维护

维 护 对 象	维 护 项 目	序　号	维 护 内 容
机房环境	温度状况	1	观测机房内温度计指示是否在 15～30℃之间
	湿度状况	2	观测机房内湿度计指示的相对湿度是否在 40%～65%之间
	消防状况	3	检查配电柜、N68-22 机柜、机框、电缆走线槽等关键部位是否存在火警隐患，消防设施是否完好无损
	防尘状况	4	检查机柜表面、内部、机房地面、工作台桌面等部位是否干净、整洁，无明显的尘埃附着
	防盗状况	5	检查机房的门、窗、防盗网等设施是否完好无损坏

（2）供电系统日常维护，如表 10-2 所示。

表 10-2　　　　　　　　　　　　　　　　供电系统日常维护

维 护 对 象	维 护 项 目	序　号	维 护 内 容
供电系统	机柜供电	1	检查每个机柜的配电框的"RUN"运行指示灯（绿色）是否点亮，并且每秒钟闪烁 1 次
	LAN Switch 供电	2	检查 LAN Switch 0、LAN Switch 1 的"POWER"电源指示灯（绿色）是否点亮
	服务器供电	3	依次检查 BAM、备用 iGWB、主用 iGWB 的电源开关中的指示灯是否为绿色
	业务机框供电	4	检查各业务机框所有 UPWR 板上的"RUN"运行指示灯（绿色）是否点亮

（3）终端系统日常维护，如表 10-3 所示。

表 10-3　　　　　　　　　　　　　　　　终端系统日常维护

维 护 对 象	维 护 项 目	序　号	维 护 内 容
终端系统	硬件运行状况	1	在"事件查看器"窗口中浏览系统日志，观察 BAM、iGWB、应急工作站是否存在 CPU、硬盘、网卡等硬件告警
	软件运行状况	2	在"BAM 管理器"查询各业务进程是否显示"Started"状态
	通信状况	3	检查各网卡的连接状态是否为正常状态

（4）告警系统日常维护，如表 10-4 所示。

表 10-4　　　　　　　　　　　　　　告警系统日常维护

维 护 对 象	维 护 项 目	序　号	维 护 内 容
告警系统	配电框的监控	1	检查每个机柜配电框的 "ALARM" 告警指示灯（红色）是否点亮，告警蜂鸣器是否报警
	ALUI 板的监控	2	检查每个机柜内的 ALUI 板的各种指示灯，"RUN" 运行指示灯和两个 "UPWR" 指示灯是否点亮且为绿色
	告警箱的监控	3	检查告警箱上的各种指示灯与告警蜂鸣器，各告警音级别指示灯是否点亮，告警蜂鸣器是否报警，串口通信指示灯（绿色）是否点亮
	告警台的监控	4	在告警台上仔细查看并确认每一条告警信息，系统在当前时间段是否存在致命级别的告警，是否存在配电框、风扇框的告警，是否存在严重告警

（5）设备运行日常维护，如表 10-5 所示。

表 10-5　　　　　　　　　　　　　　设备运行日常维护

维 护 对 象	维 护 项 目	序　号	维 护 内 容
设备运行	配电框的运行状况	1	在本地维护终端观察每个机架顶部的 "Power" 指示灯是否为绿色
	风扇框的运行状况	2	在本地维护终端观察每个机架中所有的 "Fans" 指示灯是否为绿色
	机框的运行状况	3	在本地维护终端观察每个机架中所有机框的单板运行状态，单板显示的颜色是否为绿色或蓝色
	FE 端口的状态	4	在本地维护终端的 MML 命令输入栏内输入 DSP PORT 命令查询各 FE 端口（业务网口、非内部网口）的状态，是否显示为 "正常"
	CPU 的占用率	5	在本地维护终端的 MML 命令输入栏内输入 DSP CPUR 命令查询各模块 CPU 的占用率是否在 80%以下

（6）业务运行日常维护，如表 10-6 所示。

表 10-6　　　　　　　　　　　　　　业务运行日常维护

维 护 对 象	维 护 项 目	序　号	维 护 内 容
业务运行	AG 注册状态检查	1	在本地维护终端的导航树窗口的 Maintenance 子窗口中，打开 Service→Monitor→Media Gateway Status，查询 AG、TG、UMG 是否正常注册
	TG 注册状态检查	2	
	UMG 注册状态检查	3	
	中继电路状态检查	4	在本地维护终端的 MML 命令输入栏内输入 DSP OFTK 命令进行查询，各局向是否存在 "闭塞"、"故障"、"未知" 等状态的中继电路

2. 月度维护项目

SoftX3000 月度维护是维护人员每个月需要例行执行的设备维护任务，其维护对象主要包括机柜设备、终端系统、备品备件 3 部分。

（1）机柜设备月度维护，如表 10-7 所示。

表 10-7 机柜设备月度维护

维 护 对 象	维 护 项 目	序　号	维 护 内 容
机柜设备	供电系统维护	1	检查各电源端子排的外形、接触、配合等是否良好，是否明显存在腐蚀、过流、过温等缺陷
	线缆系统维护	2	检查所有的线缆是否存在破损、老化、腐蚀、电弧灼伤等缺陷或隐患
	接地系统维护	3	检查所有接地线的连接部位是否接触良好，是否存在松动、腐蚀等缺陷，接地电阻是否小于 1Ω
	防护系统维护	4	检查机柜顶部与内部是否有异物附着或坠入，检查机柜顶部或底部各信号电缆出口处是否包扎严实
	防尘系统维护	5	检查机柜的外壳、底部进风口周围有无尘埃附着，防尘网框、防尘网纱是否清洗干净、有无尘埃附着

（2）终端系统月度维护，如表 10-8 所示。

表 10-8 终端系统月度维护

维 护 对 象	维 护 项 目	序　号	维 护 内 容
终端系统	操作员口令维护	1	操作员账号、操作员账号权限、工作站权限等的设置是否符合维护制度
	系统时间维护	2	BAM、主备用 iGWB 和应急工作站的系统时间是否与当地的标准时间保持一致
	BAM 数据库备份	3	BAM 数据库文件是否成功备份
	BAM 硬盘空间清理	4	BAM 硬盘各分区的可用空间容量是否保持在该分区总容量的 50%以上

（3）备品备件月度维护，如表 10-9 所示。

表 10-9 备品备件月度维护

维 护 对 象	维 护 项 目	序　号	维 护 内 容
备品备件	存储环境检查	1	检查备品备件仓库的防火、防潮、防尘、防磁、通风、震动等存储环境是否符合要求
	数量检查	2	检查备品备件的种类、数量等是否能够满足设备维护的需要。每种单板是否至少有一块备板，UPWR 板是否至少有两块备板；是否至少有一个备用的风扇框、两块备用的硬盘

3. 年度维护项目

SoftX3000 年度维护是维护人员每年需要例行执行的设备维护任务，其维护对象主要是

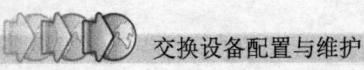

机柜设备。机柜设备的年度维护如表 10-10 所示。

表 10-10　　　　　　　　　　　　　　　机柜设备年度维护

维 护 对 象	维 护 项 目	序　　号	维 护 内 容
机柜设备	风扇框除尘	1	检查风扇框是否保持清洁、无尘埃附着，每年一次对每个风扇框进行除尘维护
	导风框除尘	2	检查导风框是否保持清洁、无尘埃附着，每年一次对每个导风框进行除尘维护
	单板除尘	3	检查单板是否保持清洁、无尘埃附着，每两年一次对机柜内的所有单板进行除尘维护

10.2　应急维护

应急维护是针对紧急事故进行的一种故障处理措施。所谓紧急事故，是指发生突然、影响面广、涉及范围大、并可对网络的安全运行与服务质量造成严重后果的设备或网络事故，如主机设备瘫痪、全局业务阻塞等。

10.2.1　紧急事故分类

按事故影响到的设备功能，判断事故是否为设备类事故；按事故影响到的业务范围，判断事故是否为业务类事故。

1. 设备类事故

设备类事故包括下列内容。

（1）主机设备瘫痪。主机设备瘫痪包括所有机柜全部掉电、综合配置机柜掉电、基本框掉电、基本框内 SMUI 模块瘫痪、基本框内 IFMI 模块瘫痪、基本框内 CDBI 模块瘫痪。

（2）业务机框瘫痪。业务机框瘫痪主要表现形式有业务机框掉电、业务机框内 SMUI 模块瘫痪、业务机框内所有业务模块均瘫痪。

（3）业务模块瘫痪。业务模块瘫痪主要表现形式是业务模块所对应的主/备用单板（负荷分担运行方式时只有一块单板）状态不能上报 BAM、面板上"RUN"运行指示灯熄灭或常亮、"ALM"故障指示灯点亮等。

（4）BAM 瘫痪。BAM 瘫痪包括 BAM 掉电、BAM 无法开机、BAM 频繁自动复位、BAM 的平均 CPU 占用率在长时间范围内接近 100%、BAM 的 Windows 操作系统崩溃、"BAM 管理器"程序运行异常等。

2. 业务类事故

业务类事故包括下列内容。

（1）全局业务阻塞。全局业务阻塞包括全部媒体网关均不能正常注册、全部用户终端均发生呼叫阻塞、全部局向均发生呼叫阻塞等情况。

（2）局部业务阻塞。局部业务阻塞常见的表现形式有部分媒体网关不能正常注册、部分用户终端发生呼叫阻塞、部分局向发生呼叫阻塞。

（3）UA 业务阻塞。UA 业务阻塞是指某个 UA 下带的所有用户均不能正常呼叫。

（4）TMG 业务阻塞。TMG 业务阻塞是指某个 TMG 所提供的所有 TDM 中继电路均不能正常使用。

（5）UMG 业务阻塞。当 UMG 作为 UA 应用时，UMG 业务阻塞是指该 UMG 下带的所有 RSP 用户或 V5 用户均不能正常呼叫；当 UMG 作为 TMG 应用时，UMG 业务阻塞是指该 UMG 所提供的所有 TDM 中继电路均不能正常使用。

10.2.2　紧急事故处理流程

应急维护以快速恢复设备的正常运行和业务的正常提供为核心指导思想，其总体处理流程如图 10-1 所示。

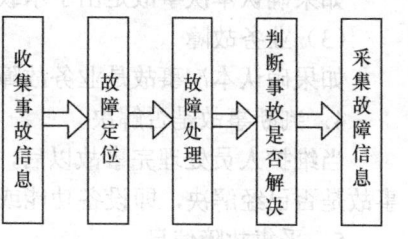

图 10-1　应急维护总体处理流程

1．收集事故信息

当系统或设备发生紧急事故时，维护人员应通过故障申告、设备巡检、网管告警、设备告警、电话拨测等途径或手段尽可能多地收集与事故相关的各种信息，为事故处理提供充分的依据。

2．故障定位

故障定位是确定事故是硬件设备故障、承载网故障还是业务类事故。

（1）硬件设备故障

由于硬件设备故障很容易同时引发业务阻塞事故，因此维护人员必须首先检查 SoftX3000 硬件设备的运行是否正常。常用的检查方法有以下几种。

① 双击设备面板中的设备管理导航树下的子节点，观察 BAM、iGWB 以及所有单板的运行状态是否正常。

② 检查 SoftX3000 的供电是否正常。

③ 检查综合配置机柜内 LAN Switch、BAM、iGWB 等组件的运行是否正常。

④ 检查各扩展框、媒体资源框中各单板的运行是否正常。

（2）承载网故障

在 NGN 网络的各类事故中，由于承载网故障而引发业务阻塞事故的比例高达 40%～60%。因此，在 SoftX3000 硬件设备运行正常的情况下，如果系统发生业务阻塞事故时，维护人员应首先检查承载网的运行是否正常。常用的检查方法有以下几种。

① 使用 PING 命令或者"Ping"工具，检查 SoftX3000 与发生业务阻塞的网关之间的网络通信是否正常。

② 使用"Trace Route"工具，定位承载网中发生故障的路由器的 IP 地址。

③ 使用专用的仪器或软件测试承载网的传输时延、误码率、丢包率、抖动等参数，以确认承载网是否存在网络拥塞、网络风暴、病毒攻击等故障。

（3）业务事故

当系统发生业务阻塞事故时，在排除了硬件设备与承载网发生故障的可能性之后，可确定为业务事故。

3．故障处理

根据故障定位情况，采取相应处理措施。

（1）硬件设备故障

如果本次事故是硬件设备故障，应复位、更换相应故障单板。

（2）承载网故障

如果确认本次事故是由于承载网的故障而引起的，应联系数据部门进行事故处理。

（3）业务故障

如果确认本次事故是业务故障，应复位更换业务模块所在单板、恢复正确的配置数据。

4．判断事故是否解决

当维护人员处理完事故以后，还需通过网管、维护台、电话拨测、业务验证等手段判断事故是否已经解决，即设备功能或业务是否已经恢复正常。

5．采集故障信息

对于每次事故而言，无论事故是否已经处理，维护人员均需要及时采集故障信息。这对于请求技术支援、事故原因分析与定位、预防类似事故的再次发生等具有重要的意义。

采集故障信息主要包括采集系统调试信息、告警日志信息、命令日志信息、BAM 的故障定位信息、iGWB 的故障定位信息等内容。

10.2.3　常用故障处理工具

1．故障管理

故障管理工具提供了系统的各项告警和通知信息，可以让维护人员第一时间知道故障的发生，为判断解决故障提供依据。故障管理提供以下功能，如图 10-2 所示。

从图 10-2 中可以看出，故障管理可以浏览告警信息、查询告警日志、管理告警配置、操作告警箱、定制告警显示系统、实时打印设置和实时打印等。

操作员在查询告警信息时，首先要明确告警类型和告警级别。告警浏览窗口如图 10-3 所示。

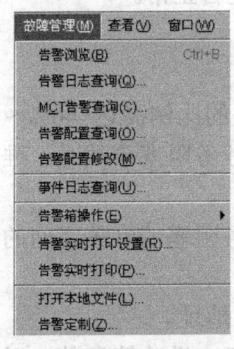

图 10-2　故障管理子菜单　　　　　　　　　　　　　　　　图 10-3　告警浏览窗口

（1）告警类型

告警类型有故障告警和事件告警两种。

① 故障告警：是指由于硬件设备故障，或某些重要功能异常而产生的告警。例如电路故障、链路故障、单板故障等均属于故障告警。

② 事件告警：是设备运行时的偶然性事件，即设备运行时的一个瞬间状态。事件告警

只有发生没有恢复。例如接续、单板加载等均属于事件告警。

（2）告警级别

告警级别用于标识故障对业务的影响程度，按严重程度递减分为紧急告警、重要告警、次要告警和提示告警 4 级。

① 紧急告警：是指带有全局性的、会导致主机瘫痪的故障告警和事件告警。例如告警箱处于离线状态、PDB 电源供电故障、SMUI 单板异常等。

② 重要告警：是指局部范围内的单板或线路故障告警和事件告警。例如 BAM 与应急工作站断连、应急工作站长时间未进行备份、UDP 链路故障等。

③ 次要告警：是指一般性的、描述各单板或线路工作是否正常的故障告警和事件告警。例如 IAD 设备退出服务等。

④ 提示告警：指提示性故障告警和事件告警。例如单板加载等。

2．跟踪管理

跟踪管理是对用户电路、中继电路、端口信令链路等的接续过程、状态迁移、资源占用情况、互控过程、发码情况、控制信息流等进行实时动态跟踪观察。跟踪信息可保留以备查看。跟踪监视功能在 SoftX3000 软交换系统的日常维护中非常有用，可以较快发现接续失败的原因，并为故障处理提供思路。

在 SoftX3000 本地维护终端维护导航树展开跟踪管理子节点，便可以浏览到跟踪管理节点所包含的消息跟踪种类，如图 10-4 所示。

导航树上，各种跟踪任务的操作步骤如下。

（1）启动跟踪，输入跟踪参数；

（2）查看跟踪输出结果；

（3）操作跟踪结果。

3．监控管理

监控管理提供对 CPU 占用率、内存占用率、内存转储、内存内容、中继电路状态、终端状态等的维护管理功能，监控操作导航树如图 10-5 所示。

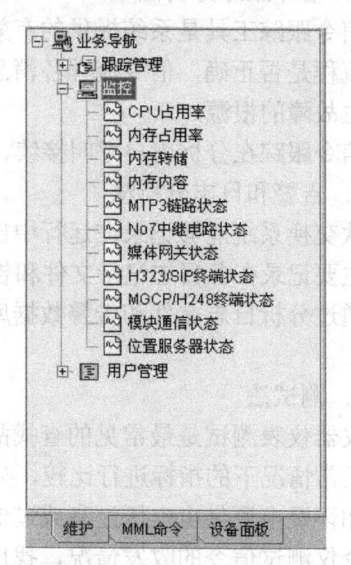

图 10-4   跟踪管理导航树   图 10-5   监控操作导航树

4．性能统计

性能统计，又称话务统计、话务测量等，是指在软交换设备及其周围的通信网络上进行各种数据的测量、收集及统计活动，从而对软交换设备（或通信网络）的运行状况、信令、用户和系统资源的使用情况进行统计和观察，为设备的运行管理、故障定位以及网络的监测维护、规划设计等提供可靠的数据依据。在 SoftX3000 中，性能统计的功能主要是由各业务单板主机软件中的性能统计子模块完成的。

（1）首先维护人员通过工作站设定性能统计任务，该任务由 BAM 通过 SMUI、共享资源总线下达给相应业务单板中的性能统计子模块。

（2）各单板性能统计子模块根据设定的性能统计任务，收集各种呼叫处理信息、设备信息、信令信息和协议信息等性能统计原始数据，并将统计结果返回到 BAM。

（3）BAM 对性能统计的数据结构进行保存和整理。

（4）维护人员通过工作站即可查看储存在 BAM 上的性能统计结果。

性能统计可以统计系统运行参数指标，通过对指标的分析，可以更好地对系统的故障和运行情况进行分析。

10.2.4　故障处理的常用方法

1．指示灯状态分析法

为了帮助维护人员了解设备的运行状况，设备提供了状态指示灯。机柜、单板、服务器、路由器上都有相应的运行状态指示灯，这些指示灯除了直接反映相应单板的工作状况以外，大部分还可反映诸如电路、链路、光路、通道、主备用等的工作状态，是进行故障分析和定位的重要依据之一。

根据提供的状态指示灯，可以大致分析故障产生的部位，甚至分析产生的原因。

指示灯状态分析主要用于快速查找大致的故障部位或原因，为下一步的处理提供思路。由于指示灯所包含的信息量相对不足，因此，它常常与告警信息分析配合使用。

2．信令跟踪分析法

信令跟踪工具是系统提供的有效分析定位故障的工具。从信令跟踪中，可以很容易知道信令流程是否正确，信令流程各消息是否正确，消息中的各参数是否正确，通过分析就可查明产生故障的根源。

信令跟踪在分析用户呼叫接续、局间信令配合等过程的失败原因方面有着重要的应用。

3．告警和日志分析法

软交换系统能够记录在运行中出现的错误信息和重要的运行参数。错误信息和重要运行参数主要记录在各日志记录文件和告警数据库中。

通过分析日志文件和告警数据库信息，可以明确知道产生故障的根源，同时发现系统的隐患。

4．测试法

仪器仪表测试是最常见的查找故障的方法，可测量系统运行指标及环境指标，将测量结果与正常情况下的指标进行比较，分析产生差异的原因。

如怀疑电源供电电压过高或过低，可以用万用表进行测试；如怀疑信令配合问题，可以用信令仪测试信令的收发情况，找出异常的信令；如怀疑接地电阻不合要求，可以用地阻仪测试接地电阻的数值，看是否满足小于 1Ω 的要求。

通过仪表测试法分析定位故障，比较准确。

5．拔插法

最初发现某种电路板故障时，可以通过插拔电路板和外部接口插头的方法，排除因接触不良或处理机异常的故障。

在插拔过程中，应严格遵循单板插拔的操作规范。插拔单板时，若不按规范执行，还可能导致板件损坏等其他问题的发生。

插拔操作可能导致系统业务的中断，甚至导致系统瘫痪，因此插拔操作一定要在话务量很低的时候进行。

6．对比互换法

当用拔插法不能解决故障时，可以考虑对比互换法。

对比是指将故障的部件或现象与正常的部件或现象进行比较分析，查出不同点，从而找出问题的所在，一般适用于故障范围单一的场合。

互换是指用备件进行更换操作后，仍然不能确定故障的范围或部位，此时将处于正常状态的部件（如单板、线缆等）与可能故障的部件对调，比较对调后二者运行状况的变化，以此判断故障的范围或部位。

7．配置数据分析法

配置的数据决定了系统的工作、配合方式。数据一般不允许随便修改。

在某些特殊情况下，如外界环境的突然改变，或由于误操作，可能会导致设备的配置数据遭到破坏或改变，导致业务中断等故障的发生。

如果此时故障已经定位到本系统，可通过查询、分析设备当前的配置数据来确认；对于网管误操作，还可以通过查看网管的日志进行确认。

8．拨测法

在系统出现故障时，往往会直接或间接地影响到用户的正常呼叫功能。利用电话拨测可以简单有效地判断系统的呼叫处理功能和相关模块是否正常。

电话拨测是日常维护最常用的手段之一，它常与信令跟踪等配合使用，在检测软交换系统的各种功能上（如呼叫处理、主叫号码显示、计费等）有着广泛的应用。

9．倒换复位法

倒换是指将主、备用方式工作的设备进行人工切换的操作，也就是将业务从主用设备上全部转移到备用设备上，观察、比较倒换后系统的运行情况，以确定主用设备是否异常或主备用关系是否协调。

复位是指对软交换设备的部分或全部进行人工重启的操作，主要用于判断软件运行是否混乱、程序是否"吊死"等软件问题，是不得已采取的极端操作行为。

相对于其他方法而言，倒换或复位不能对故障的原因进行精确定位，而且由于软件运行的随机性，倒换或复位后故障现象一般难以在短期内重现，从而容易掩盖故障的本质，给软交换设备的安全、稳定运行带来隐患，因此，该方法只能作为一种临时应急措施。

倒换和复位操作可能导致系统业务的中断，甚至系统瘫痪，因此一定要在话务量很低的时候进行，且复位前要有备份措施。

📖任务资讯

一、任务描述

对 SoftX3000 进行维护,确保软交换设备能够正常工作,并处理以下故障。

(1)SoftX3000 与 CISCO 对接 SIP 中继,语音编解码协商失败导致业务不通。

(2)BSGI 单板故障导致 H.248 协议无法分发,网关状态故障。

二、实践操作

1. 对 SoftX3000 进行维护

(1)SoftX3000 日常维护记录表,如表 10-11 所示。

表 10-11　　　　　　　　　　　　　　SoftX3000 日常维护记录表

软交换局名:　　　　　　维护日期:　　　年　　月　　日

维 护 内 容	维 护 状 况	维 护 人
机房环境		
供电系统		
终端系统		
告警系统		
设备运行		
业务运行		
异常情况处理		
遗留问题说明		

(2)SoftX3000 月度维护记录表,如表 10-12 所示。

表 10-12　　　　　　　　　　　　　　SoftX3000 月度维护记录表

软交换局名:　　　　　　维护月份:　　　年　　月

维 护 内 容	维 护 状 况	维 护 人	维 护 时 间
机柜设备			
终端系统			
备品备件			
异常情况处理			
遗留问题说明			

(3)SoftX3000 故障处理记录表,如表 10-13 所示。

表 10-13   SoftX3000 故障处理记录表

软交换局名：

发生时间：		解决时间：	
值班人：		处理人：	

故障类别：

❑ 硬件设备故障	❑ 电源故障	❑ 时钟故障
❑ FE/E1 接口故障	❑ 承载网故障	❑ 传输网故障
❑ 前后台通信故障	❑ 媒体网关故障	❑ MRS 故障
❑ 用户终端故障	❑ 话务台故障	❑ 用户线路故障
❑ MTP 链路故障	❑ SIGTRAN 链路故障	❑ PRA 链路故障
❑ V5 接口故障	❑ 中继电路故障	❑ 计费故障
❑ 其他故障：		

故障来源：

❑ 用户投诉	❑ 告警系统
❑ 例行维护中发现	❑ 其他来源

故障描述：

故障处理方法及结果：

2. 故障处理

（1）SoftX3000 与 CISCO 对接 SIP 中继，语音编解码协商失败导致业务不通。

① 现象描述

SoftX3000 与 CISCO 对接 SIP 中继，SoftX3000 作为汇接局，呼叫流程如下。

CISCO 的用户→SIP 中继→SoftX3000→ISUP 中继→其他端局用户，呼叫失败。

② 告警信息：无

③ 原因分析：无

④ 处理过程：跟踪该呼叫的内部消息和对应的 SIP 中继消息，根据内部呼叫的释放原因值：

CV_MESSAGE_STATE_ERROR_OR_MESSAGE_ERROR，意思是消息与呼叫状态不符或无消息类型。

查看呼叫的编解码，从对端发过来的 SIP 消息的 INVITE 消息，语音编解码类型为：

```
m=audio 25592 RTP/AVP 0 101
a=sendrecv
a=rtpmap:0 PCMU/8000
a=ptime:20
a=rtpmap:101 telephone-event/8000
a=fmtp:101 0-15
```

再检查本端的媒体网关所配置支持的编解码类型，LST MGW：

```
Codec list  =  G.711A
            =  G.729A
            =  T.38
```

由于本端媒体网关配置的编解码类型与对端 CISCO 配置的编解码类型没有交集，媒体流协商失败，从而导致呼叫失败。

引导客户在 CISCO 端修改编解码类型，问题解决。

⑤ 建议与总结。当与 CISCO 等美国厂家对接的时候尤其需要注意编解码类型，美国本土一般使用 PCMU 律，中国和欧洲一般使用 PCMA 律。

（2）BSGI 单板故障导致 H.248 协议无法分发，网关状态故障。

① 现象描述

某局 NGN 设备，SoftX3000 版本是 V3R10，在软交换侧 ADD MGW 后，发现所增加的网关无论是 UMG8900，还是 UA5000，或是 IAD，都无法正常注册到软交换，软交换侧查询网关状态，DSP MGW 一直是故障状态。

② 告警信息

查看告警窗口，能够看到网关故障的告警。在 UMG8900 侧，跟踪 MC 接口底层消息，发现只有 OUT 的状态，没有 IN 的状态。

③ 原因分析

网关无法正常注册，考虑以下几点原因。

● 数据配置问题。

● 软交换和网关之间的网络故障。

● 软交换侧的业务接口板以及业务处理板故障。

● 网关侧业务接口板以及处理板故障。

● 软交换侧处理 H.248 协议的单板故障。

④ 处理过程

首先检查数据配置，在软交换侧和网关侧分别检查了配置数据，没有问题。

其次检查软交换和网关之间的网络连接是否正常，在软交换侧和网关侧 PING 对端的 IP，可以 PING 通，说明网络没有问题。

检查软交换侧的业务接口板以及处理板 BFII 和 IFMI，单板状态正常，也没有任何关于硬件的告警，尝试更换单板，发现更换 BFII 和 IFMI 后，故障依旧。

检查网关侧业务接口板以及处理单板，单板状态正常，也没有任何关于硬件的告警，也同样尝试更换单板，故障依旧，网关仍然无法正常注册。

考虑到 H.248 协议是 BSGI 单板来处理，在软交换侧通过 LST DPA，查询 BSGI 单板有配置 H.248 的分发能力；查询 CDBI 单板的功能，也有关于 BSGI 分发的功能。

考虑到所有的网关都无法正常注册到软交换，在软交换侧尝试更换 BSGI 单板，发现在更换完 BSGI 单板后，网关可以正常注册，问题解决。

📖任务总结

1．按照维护目的的不同，SoftX3000 设备维护分为例行维护和应急维护。

2．按照维护实施的周期长短来分，可将例行维护分为日常维护和定期维护。

3．SoftX3000 日常维护对象主要包括机房环境、供电系统、终端系统、告警系统、话单系统、设备运行、业务运行、性能统计等几部分。

4．SoftX3000 月度维护对象主要包括机柜设备、终端系统、备品备件 3 部分。

5．SoftX3000 年度维护对象主要是机柜设备。

6．应急维护中紧急事故分为设备类事故和业务类事故。

7．紧急事故处理流程一般为收集事故信息→故障定位→故障处理→判断事故是否解决→采集故障信息。

8．常用故障处理工具包括故障管理、跟踪管理、监控管理和性能统计等。

9．告警类型有故障告警和事件告警两种。

10．告警级别按严重程度递减分为紧急告警、重要告警、次要告警和提示告警4级。

11．故障处理的常用方法包括指示灯状态分析法、信令跟踪分析法、告警和日志分析法、测试法、拔插法、对比互换法、配置数据分析法、拨测法、倒换复位法等。

习题

1．SoftX3000日常维护对象主要包括哪些？

2．简述紧急事故的处理流程。

3．常用的故障处理工具有哪些？

4．常用的故障处理方法有哪些？

参 考 文 献

[1] 桂海源，张碧玲. 软交换与 NGN. 北京：人民邮电出版社，2009.

[2] 蔡康等. 下一代网络（NGN）业务及运营. 北京：人民邮电出版社，2004.

[3] 王可等. 软交换设备配置与维护. 北京：机械工业出版社，2013.

[4] 蒋青泉等. 电信交换设备. 北京：北京邮电大学出版社，2007.

[5] 方水平等. 交换机（华为）安装、调试与维护. 北京：人民邮电出版社，2010.

[6] 全国通信专业技术人员职业水平考试办公室组编. 通信专业实务—交换技术. 北京：人民邮电出版社，2008.

[7] U-SYS SoftX3000 基础数据配置指南. 华为技术有限公司，2008.

[8] U-SYS SoftX3000 业务数据配置指南. 华为技术有限公司，2008.